Maria Leondin

Chinesische Astrologie

Der Hund

10. 2. 1910 bis 29. 1. 1911
28. 1. 1922 bis 15. 2. 1923
14. 2. 1934 bis 3. 2. 1935
2. 2. 1946 bis 21. 1. 1947
18. 2. 1958 bis 7. 2. 1959
6. 2. 1970 bis 26. 1. 1971
25. 1. 1982 bis 12. 2. 1983
10. 2. 1994 bis 30. 1. 1995
29. 1. 2006 bis 17. 2. 2007

tosa

Satz und Layout: www.textwerkstatt.at
Grafiken: Lukas Kaspar und Ulrike Müller-Kaspar
Cover: Joseph Koó
Druck: Druckerei Theiss GmbH, St. Stefan im Lavanttal

www.tosa-verlag. com

Jahresbeginn nach dem chinesischen Mondkalender	Ihr Tierkreis-zeichen	Jahresbeginn nach dem chinesischen Bauernkalender
02. 02. 1927	Hase	05. 02. 1927
23. 01. 1928	Drache	05. 02. 1928
10. 02. 1929	Schlange	04. 02. 1929
30. 01. 1930	Pferd	04. 02. 1930
17. 02. 1931	Ziege	05. 02. 1931
06. 02. 1932	Affe	05. 02. 1932
26. 01. 1933	Hahn	04. 02. 1933
14. 02. 1934	Hund	04. 02. 1934
04. 02. 1935	Schwein	05. 02. 1935
24. 01. 1936	Ratte	05. 02. 1936
11. 02. 1937	Büffel	04. 02. 1937
31. 01. 1938	Tiger	04. 02. 1938
19. 02. 1939	Hase	05. 02. 1939
07. 02. 1940	Drache	05. 02. 1940
27. 01. 1941	Schlange	04. 02. 1941
15. 02. 1942	Pferd	04. 02. 1942
05. 02. 1943	Ziege	05. 02. 1943
25. 01. 1944	Affe	05. 02. 1944
13. 02. 1945	Hahn	04. 02. 1945
02. 02. 1946	Hund	04. 02. 1946
22. 01. 1947	Schwein	04. 02. 1947
10. 02. 1948	Ratte	05. 02. 1948
29. 01. 1949	Büffel	04. 02. 1949
17. 02. 1950	Tiger	04. 02. 1950
06. 02. 1951	Hase	04. 02. 1951
27. 01. 1952	Drache	05. 02. 1952
14. 02. 1953	Schlange	02. 02. 1953
03. 02. 1954	Pferd	04. 02. 1954
24. 01. 1955	Ziege	04. 02. 1955
12. 02. 1956	Affe	05. 02. 1956
31. 01. 1957	Hahn	04. 02. 1957
18. 02. 1958	Hund	04. 02. 1958
08. 02. 1959	Schwein	04. 02. 1959
28. 01. 1960	Ratte	05. 02. 1960

Fortsetzung am Ende dieses Bandes.

Maria Leondin

Chinesische Astrologie

Der Hund

Inhalt

Vorwort

Wenn Sie sich für dieses Buch interessieren, dann sind Sie wahrscheinlich selbst in einem Jahr des Hundes geboren worden, oder Sie kennen jemanden, der Ihnen besonders wichtig ist und der seinen Geburtstag in einem solchen Jahr feiert. Dabei handelt es sich vielleicht um Ihren derzeitigen Partner oder um einen Menschen, mit dem Sie in einer engeren Beziehung leben würden. Vielleicht geht es um Ihr Kind, um eine liebe Freundin oder um den Chef oder die Chefin.

Selbst wenn Sie sonst kein Freund davon sind, Menschen in Kategorien einzuteilen, sie „in Schubladen" zu packen, werden Sie feststellen, welche faszinierenden Parallelen sich bei Menschen finden lassen, die im gleichen Jahr geboren wurden. Und wenn Sie sich im Freundes- und Bekanntenkreis umsehen, ein wenig Ahnenforschung betreiben und die Kinder in Ihrer Umgebung beobachten, werden Sie wahrscheinlich bemerken, dass sich bestimmte Eigenarten in regelmäßigen Zyklen wiederholen.

In diesem Buch finden Sie einerseits eine kompakte, gut verständliche Einführung in die chinesische Astrologie und die Erklärung kultureller Aspekte, die damit im Zusammenhang stehen.

Doch vor allem geht es hier ganz speziell um die Hund-Geborenen. Sie werden faszinierende Einblicke in die grundsätzlichen Charakterzüge dieser Menschen erhalten. Sie werden aber auch erkennen, dass es unter den Hunden sehr unterschiedliche Typen gibt, die sich wiederum aus den speziellen Konstellationen des chinesischen Tierkreises erklären lassen. Sie werden viel über die speziellen Stärken und Schwächen der Hunde erfahren und Tipps bekommen, wie Sie mit ihnen am besten umgehen, um unnötige Spannungen und Streitereien zu vermeiden. Sie werden auf besonders günstige, aber auch auf besonders herausfordernde Kombinationen der astrologischen Zeichen hingewiesen und lernen stärkende und schwächende Paarbeziehungen kennen.

Ganz egal, ob Sie mehr über sich selbst erfahren wollen oder über einen Ihnen nahe stehenden Menschen, in diesem Buch werden Sie eine ganze Reihe von Aha-Erlebnissen finden. Viel Spaß beim Lesen!

Chinesische Astrologie

Die meisten Menschen können auf Anhieb sagen, in welchen europäischen Tierkreiszeichen sie geboren wurden. Ob man Widder, Stier, Zwilling oder Krebs ist, gehört neben dem Wetter und der Frage nach dem Beruf zu den beliebtesten Party-Themen. So mancher Flirt bekommt erst dann eine echte Chance, wenn man auf die Frage, „Löwe?", „Jungfrau?", „Waage?" oder „Skorpion?" an der „richtigen" Stelle nickt. Es soll sogar Chefs geben, die bei einer Bewerbung kurz darüber nachdenken, wie das Tierkreiszeichen eines Bewerbers mit ihrem eigenen harmoniert. Und das Horoskop ist in der Tageszeitung eine der meistgelesenen Seiten, auch wenn viele Leser das nicht gerne zugeben.

Mit seriöser Astrologie haben Kurzhoroskope und Partygespräche nicht viel zu tun. Es handelt sich vielmehr über verkürzte Zuschreibungen, die an den grundlegenden Erkenntnissen aus jahrtausendelangen Beobachtungen des Himmels vorbeigehen. Denn dabei geht es vielmehr um Erkenntnisse, dass bestimmte Charaktereigenschaften, aber auch ganz bestimmte Ereignisse in Perioden immer wieder auftreten, und zwar parallel zum Stand der Planeten am Himmel. In unserer europäischen Tradition sind dies die zwölf Tierkreiszeichen, die im Monatsrhythmus das Jahr in zwölf Abschnitte teilen.

Ähnliche Beobachtungen wurden seit Menschengedenken auch in anderen Kulturen gemacht. So teilten die Ureinwohner Amerikas das Jahr in zwölf Monde, denen sie bestimmte

Eigenschaften zuordneten. Die Aborigines Australiens teilten das Leben in die Qualitäten von sieben aufeinanderfolgenden Tagen.

In den vergangenen Jahren hat aber vor allem ein System bei uns Beachtung gefunden, das aus dem Fernen Osten zu uns kommt: das chinesische Horoskop. Es besteht aus der Abfolge von zwölf Tieren, die jeweils ein Jahr regieren und denen bestimmte Eigenschaften zugeordnet sind. Konkret besteht der chinesische Tierkreis aus Ratte (Zi), Büffel (Chou), Tiger (Yin), Hase (Mao), Drache (Chen), Schlange (Si), Pferd (Wu), Ziege (Wei), Affe (Shen), Hahn (You), Hund (Xu) und Schwein (Hai).

Der Wechsel dieser tierischen Jahresregenten führt uns jedoch direkt in die Tücken des chinesischen Horoskops. Die Chinesen verwenden nämlich traditionell ein für unser Verständnis sehr kompliziertes System von Kalendern.

Unseren gregorianischen Kalender haben sie zum 1. Januar 1929 im Prinzip nur eingeführt, um im internationalen Verkehr verbindliche Termine vereinbaren zu können.

Vom alten chinesischen (Mond-)Kalender leitet sich das chinesische Neujahrsfest ab, bei dem der neue Jahresregent mit festlichen Umzügen und Feierlichkeiten in den Familien begrüßt wird. Dieser Jahreswechsel findet stets bei Neumond zwischen dem 20. Januar und dem 19. Februar statt, oder, genauer ausgedrückt, das chinesische Jahr beginnt mit dem zweiten, manchmal auch mit dem dritten Neumond nach der Wintersommerwende. Das Neujahrsfest auf den Neu-

mond zu legen, hatte früher einen ganz praktischen Aspekt. In China sind die Entfernungen ebenso groß wie die Traditionen. Zum Neujahrsfest fuhr und fährt jeder nach Hause zu seiner Familie, um mit ihr den neuen Jahresregenten zu begrüßen und die Ahnen zu ehren. Allein die Anreise dauerte oft mehrere Tage. Wer den Mond vor Augen hatte, wusste, wann er losfahren musste, um rechtzeitig anzukommen. Im Internet gibt es eigene Homepages wie jene des Hong Kong Observatory, die Umrechnungstabellen für diese beiden Kalendersysteme zur Verfügung stellen.

Für astrologische Zwecke wird dagegen der chinesische Bauernkalender verwendet, der sich stärker am Sonnenstand orientiert. Der Frühlingsanfang und damit der Jahresbeginn im chinesischen Bauernkalender liegt meistens auf dem 4., manchmal auch auf dem 5. Februar.

Da das chinesische Neujahrsfest in den Medien eine viel stärkere Präsenz erfährt als der Frühlingsanfang, der „nur" für Millionen chinesischer Bauern und einige Astrologen von Bedeutung ist, ziehen viele Menschen dieses als maßgeblich für den Anfang des chinesischen Jahres heran. Für astrologische Zwecke ist das jedoch nicht ausreichend, wie wir noch sehen werden.

In der Tabelle 5 ab Seite 38 finden Sie beides: den vom Hong Kong Observatory seit 1901 für den chinesischen Jahresbeginn errechneten Neujahrstermin und daneben eine Spalte mit dem Termin des Frühlingsanfangs in allen Jahren von 1901 bis 2010.

Wenn Sie also wissen wollen, welches Tierkreiszeichen Sie genau sind, dann müssen Sie nicht mehr den chinesischen Gastwirt an der nächsten Ecke fragen, sondern können einfach in der Liste ab Seite 38 dieses Buches nachsehen.

Drei Zyklen

Grundsätzlich bemüht sich die chinesische Astrologie – so wie alle Horoskopsysteme der Menschheit – um das Erkennen allgemeingültiger, wiederkehrender Muster in natürlichen Abläufen, die im menschlichen Leben ihre Entsprechungen finden. Doch während die alten babylonischen und griechischen Astrologen die Planeten als mythische, himmlische Wesen betrachteten, beobachteten und aus ihrer Bewegung und deren Beziehung zu Ereignissen auf der Erde menschliche Schicksale und dann auch Grundtypen ableiteten, versuchten die chinesischen Astrologen, langfristige Rhythmen von Mond, Sonne und Natur zu erkennen, Parallelen zu den Mustern und Ereignissen des menschlichen Lebens zu entdecken und daraus mögliche Entwicklungen abzuleiten.

Die chinesische Astrologie basiert auf drei sich überlagernden Zyklen: Erstens dem Zyklus der zwölf Erdzweige (Di Zhi), die in Gestalt der bei uns bekannten zwölf Tiere dargestellt werden, zweitens dem Zyklus der fünf Elemente und drittens dem Zyklus der zehn himmlischen Stämme (Tian Gan). Die Abschnitte des ersten und des dritten Zyklus dauern jeweils ein Jahr, die des zweiten zwei Jahre.

Die zwölf Erdzweige

Der Sage nach lud der sterbende Buddha die Tiere ein, um sich von ihnen zu verabschieden (in einer anderen Version ging es um ein Neujahrsfest). Als Erstes kam die Ratte, die sich im Fell des Büffels versteckt hatte und im letzten Moment heraussprang, um vor ihm am Ziel zu sein. Zuvor hatte sie noch die Katze getäuscht, sodass diese den Besuch beim Erleuchteten verpasste und aus Rache bis heute Ratten und Mäuse frisst.

Nach der Ratte und dem Büffel erschienen der Tiger, der Hase, der Drache, die Schlange, das Pferd, die Ziege, der Affe, der Hahn, der Hund – und als Letztes das Schwein. Als Dank für ihre Treue erhob Buddha die zwölf in der Reihenfolge ihres Eintreffens jeweils zu Regenten eines Jahres. Seither folgen sie in der immer gleichen Reihenfolge aufeinander.

Jedes Tier verleiht „seinem" Jahr und auch den in diesem Jahr geborenen Menschen grundlegende Eigenschaften. So sorgt die Ratte für Angriffslust, der Büffel für Sanftmut, der Tiger für Verwegenheit, der Hase für Diplomatie, der Drache für geistige Wendigkeit, die Schlange für Gerissenheit, das Pferd für Ungeduld, die Ziege für Artigkeit, der Affe für Unbeständigkeit, der Hahn für Stolz, der Hund für Treue und das Schwein für Ehrlichkeit.

Natürlich heißt das nicht, dass alle Menschen, die im selben Jahr geboren sind, genau den gleichen Charakter besitzen – doch gibt es erstaunlich viele Gemeinsamkeiten. Lehrer machen oft diese Erfahrung: In jedem Jahrgang gibt es ganz spezielle Themen, ganz spezifische Herausforderungen. In einem Jahr sind die Schuleinsteiger auffallend schlampig, im Jahr darauf glänzen sie durch besonderen Fleiß, wieder ein Jahr später herrscht im ersten Jahrgang Gleichgültigkeit und Desinteresse. Und dennoch käme kein Lehrer auf die Idee zu sagen, alle Schüler der Klasse seien gleich.

Das chinesische Horoskop bietet für dieses Phänomen eine Erklärung an. Wie sich die grundsätzlichen Charakterzüge, die durch den Jahresregenten festgelegt werden, konkret im Leben äußern, in welche Richtung sie führen und ob sie fruchtbar oder zerstörerisch für den jeweiligen Menschen und seine Umgebung wirken, dafür sind die beiden anderen Zyklen zuständig. Und dadurch ergeben sich auch große Unterschiede zwischen den jeweiligen Vertretern der einzelnen Tierkreiszeichen.

Die fünf Elemente

Der Zyklus der fünf Elemente entsteht durch eine Zuordnung der fünf den Chinesen vor mehr als 4000 Jahren bekannten Planeten Merkur, Venus, Mars, Jupiter und Saturn zu den fünf Elementen Wasser, Metall, Feuer, Holz und Erde. So heißt der Merkur auch Wasserstern, die Venus Metallstern, der Mars Feuerstern, der Jupiter Holzstern und der Saturn Erdstern. Wasser steht für Ruhe, Metall für Struktur und dessen Vergänglichkeit, Feuer für Aktivität und Verwandlung, Holz für Leben und Wachstum, Erde für Beständigkeit. Da die Abschnitte dieses Zyklus jeweils zwei Jahre dauern, teilen sich immer zwei aufeinanderfolgende Vertreter des Tierkreises ein Element, beispielsweise teilt sich der Hund, Regent des Jahres 2006, mit dem folgenden Regenten des Jahres 2007, dem Schwein, das Element Feuer und damit die Qualitäten von Aktivität und Verwandlung.

Die zehn Himmelsstämme

Um uns Europäer zu überfordern, kommt noch ein Zyklus ins Spiel, der tief im Taoismus verwurzelt ist. Diese Lehre der Polarität betrachtet alles auf dieser Welt als zwei Teile eines

Ganzen, als ständige Ebbe und Flut zwischen den Prinzipien des Männlichen und des Weiblichen, zwischen Yin und Yang. Diese beiden grundlegenden Kräfte werden durch Sonne und Mond dargestellt.

Kombiniert man den zweijährigen Rhythmus der fünf Elemente mit diesem jährlichen Wechsel zwischen Yin und Yang, so ergeben sich die zehn Himmelsstämme, innerhalb derer die fünf Elemente ein polares Wechselspiel der Wirkungen entfalten. Einmal üben sie einen schöpferischen, im Jahr darauf einen störenden Einfluss aus. So wie das Wasser notwendig ist, um den Samen in der Erde keimen und wachsen zu lassen, es aber auch durch Überschwemmungen alles Fruchtbare zerstören kann. Oder so wie das Feuer wärmt, schützt und die Zubereitung von Nahrung erlaubt, es aber auch Schaden anrichten kann. Außer Kontrolle geraten, vernichtet es alles, was sich ihm in den Weg stellt.

Tabelle 1: Die zehn Himmelsstämme

Himmelsstamm	Element	Yin/Yang
Jia	Holz	Yang
Yi		Yin
Bing	Feuer	Yang
Ding		Yin
Wu	Erde	Yang
Ji		Yin
Geng	Metall	Yang
Xin		Yin
Ren	Wasser	Yang
Gui		Yin

Um es noch einmal zusammenzufassen: Wir haben zwölf Erdzweige oder Tierzeichen, die im Einfluss von fünf Elementen stehen, die wiederum jeweils in zwei verschiedenen

Ausprägungen als 10 Himmelsstämme auftreten können. Theoretisch ergäben sich damit insgesamt 120 unterschiedliche Kombinationen. Da die Erdzweige selbst aber nur in einer Ausprägung auftreten oder, anders ausgedrückt, da jedes Tierzeichen entweder Yin oder Yang ist, sind es tatsächlich nur 60 Kombinationsmöglichkeiten.

Der 60-Jahre-Zyklus

Der astrologische Kalender der Chinesen geht also von 60er-Zyklen aus, da 60 die erste Zahl ist, die durch 10 und 12 teilbar ist. Eine Jahresbezeichnung setzt sich daher immer aus zwei Schriftzeichen zusammen: dem Zeichen für den Himmelsstamm (der sich aus dem Element in Verbindung mit Yin oder Yang ergibt) und dem Erdzweig, dem Zeichen für den tierischen Jahresregenten. Als Folge davon werden nur alle 60 Jahre Wasser-Büffel oder Feuer-Drachen geboren.

Dieser 60er-Zyklus kann übrigens auch mit den Planeten in Verbindung gebracht werden: Jupiter benötigt etwa zwölf Jahre für einen vollen Umlauf, Mars etwa 15 Jahre, Saturn etwa 30 Jahre und Merkur etwa zehn Jahre; das kleinste gemeinsame Vielfache dieser Zahlen ist 60 und 60 ist 5 x 12.

Schließlich spiegelt sich dieser Rhythmus auch im menschlichen Leben wider. 60 Jahre dauerte Jahrtausende hindurch das durchschnittliche menschliche Leben, 30 Jahre war die Spanne einer Generation. Dass wir heutzutage in aller Regel einige Jahre länger leben, sollten wir als das betrachten, was es ist: ein Geschenk, das wir schon aus reiner Dankbarkeit in unsere persönliche Entwicklung und damit auch in die Entwicklung dieser Welt investieren sollten.

Monatsherrscher und Stundenregenten

Zusätzlich zu den beschriebenen Jahreszyklen gibt es einen Rhythmus, in dem die Tiere der zwölf Erdzweige die Monate des Jahres und selbst die Stunden des Tages regieren. Der Monatsregent färbt die Ausrichtung des Willens und die Lebensaufgabe der Menschen. Der Regent der Geburtsstunde schließlich prägt die Ausrichtung der Gefühle.

Die chinesische Astrologie liefert also – stark vereinfacht ausgedrückt – ein Zeitraster, innerhalb dessen die Einflüsse der verschiedenen Elemente und Tiere aufgeführt sind. Daraus ergeben sich für zweistündige Zeiträume unterschiedliche Konstellationen, die sich nur alle 60 Jahre in genau dieser Form wiederholen. Anders als unsere Vorstellung vom linearen Zeitverlauf ist dieses Raster ein Anhaltspunkt, um Zeitpunkte an ihren Platz in einem immerwährenden Zyklus einordnen zu können.

Praktische Anwendung

Durch genaue Beobachtungen und Berechnungen kommen die Chinesen zu sehr differenzierten Aussagen über das Zusammenwirken immerwährender Zyklen und ziehen daraus seit mehr als vier Jahrtausenden ihre Konsequenzen für ihr Leben, ihre Partnerwahl, aber auch für geschäftliche Vorhaben und die Politik.

Ähnlich wie in der europäischen Astrologie dient aber auch das chinesische Horoskop zunächst ganz wesentlich der Selbsterkenntnis. Nur wer die eigenen Charaktereigenschaften, die in der Persönlichkeit verborgenen Stärken und Potenziale kennt und den eigenen Weg gefunden hat, ist in der Lage, im Einklang mit seinen Entwicklungsmöglichkeiten den natürlichen Rhythmen der Natur zu folgen. Doch über diese rein persönliche Ebene der Selbsterkenntnis hinaus wird dem Horoskop immer auch eine praktisch anwendbare Bedeutung zugewiesen.

Einfluss auf das tägliche Leben

Der Einfluss des gerade aktuellen Regenten wirkt sich nach chinesischer Überzeugung auch auf das tägliche Leben des einzelnen Menschen aus. In manchen Jahren gelingen ihm schwierige Dinge wie von selbst, in anderen scheint alles wie verhext zu sein. Hier spiegelt sich genau das gleiche harmonische oder problematische Verhältnis der Tierkreiszeichen zueinander, das auch bei Partnerbeziehungen oder im Verhältnis zwischen Eltern und Kindern zum Tragen kommt.

Wenn es nun zum Beispiel von der Schlange heißt, dass für sie Jahre, die vom Schwein regiert werden, problematisch sind, dann lohnt es sich durchaus, einmal nachzurechnen, wie alt eine Schlange denn in Jahren des Schweins jeweils ist: 6, 18, 30, 42, 54 und 66 Jahre ... Schulbeginn, Berufswahl und Volljährigkeit, Heirat und Kinder, Midlife-Crisis, Wechseljahre und Pensionsschock, genau dies sind die schwierigen Phasen in der Entwicklung eines Menschen, genau dies sind die Themen der meisten psychologischen Ratgeber. Wenig verwunderlich: Beim Tiger ist es das Jahr des Affen, in dem er Probleme bekommen könnte, bei der Ratte das Jahr des Pferdes, beim Büffel das Jahr der Ziege – es ist also stets das im Tierkreis genau gegenüberliegende Jahr. Jeder Mensch hat demnach im Alter von 6, 18, 30, 42, 54 und 66 Jahren gewisse Schwierigkeiten zu überwinden.

Jahre, die dagegen vom eigenen Zeichen regiert werden, sind in aller Regel besonders erfolgreiche Jahre, in denen den

Menschen die Dinge glatt von der Hand gehen. Bestärkt von jenen Energien, die ihnen selbst mit in die Wiege gelegt wurden, unterstützt sie der Jahresregent im 12., 24., 36., 48. und 60. Lebensjahr ganz besonders. Die Krisen der Veränderung sind bewältigt, ein 12er-Zyklus geht der Vollendung entgegen, das Leben läuft in seinen ruhigen Bahnen.

Die nahe liegende Frage, ob die Erkenntnis dieser Gesetzmäßigkeit oder das System des chinesischen Tierkreises zuerst vorlag, dürfte aber vom Typus des Henne-Ei-Problems sein.

Bis heute befragen traditionell lebende Chinesen ihr persönliches Horoskop, bevor sie den besten Zeitpunkt und die günstigsten Partner für wesentliche Entscheidungen treffen. Das gilt besonders für die Wahl des Ehepartners, den Termin der Hochzeit und den voraussichtlichen Geburtstermin erwünschter Kinder. Aber auch vor Reisen, Firmengründungen oder wichtigen Geschäftsabschlüssen wird das Horoskop befragt. Bis heute wählen zum Beispiel chinesische Kaufleute außerhalb des kommunistischen Machtbereichs den geeigneten Zeitpunkt für bestimmte Unternehmungen anhand der Traditionen und Erkenntnisse der chinesischen Astrologie.

Wenn man sich einmal auf dieses System einlässt, ist es durchaus sinnvoll: Für eine Mission, die besondere Diplomatie und Fingerspitzengefühl erfordert, wird man möglichst nicht einen Zeitpunkt wählen, der unter starkem Einfluss von Hahn, Schwein oder Tiger steht – unter dem Einfluss der Diplomatie des Hasen wird dieser Sache möglicherweise größerer Erfolg beschieden sein. Eine Angelegenheit wiederum, die rasche Entscheidungen, bestimmtes Auftreten und rigoroses Durchgreifen verlangt, wird unter dem Einfluss von Büffel, Hase und Ziege wohl kaum erfolgreich abgewickelt werden, während Ratte, Tiger oder Drache ihr möglicherweise die gewünschte Richtung verleihen können.

Die Partnerwahl

Die Wahl des richtigen Partners gehört zu den bekanntesten und für das Leben vielleicht sogar wichtigsten Einsatzgebieten der chinesischen Astrologie. Aber auch hier sind einige Besonderheiten zu beachten, die den Umgang mit dem chinesischen Horoskop deutlich von dem mit dem europäischen unterscheidet.

Zunächst ist es einmal wichtig zu verstehen, dass der chinesischen Astrologie ein zyklisches Entwicklungsverständnis zugrunde liegt, der europäischen ein lineares. Das macht die Deutung einer europäischen Horoskopkonstellation deutlich einfacher, wenngleich auch dort viele Ammenmärchen kursieren und seriöse Aussagen eigentlich nur nach eingehender Analyse getroffen werden können. Beschränken wir uns an dieser Stelle auf die gängigen Zuschreibungen der europäischen Vertreter des Tierkreises und ihre Beziehung zueinander und sehen uns dies einmal etwas näher an:

Auch im europäischen Horoskop gibt es Elemente, nämlich Feuer, Erde, Luft und Wasser. Die drei Tierkreiszeichen, die sich ein Element teilen, gelten als gelungene Paarung, außerdem schreibt man den Vertretern von Feuer und Luft beziehungsweise von Wasser und Erde noch gute Aussichten auf ein erfolgreiches Miteinander zu. Kombinationen aus Feuer und Wasser oder aus Erde und Luft gelten dagegen als problematisch. Trifft beispielsweise ein häuslicher, gefühls- und beziehungsbetonter Krebs auf einen extrovertierten, egozentrischen Löwen, so gibt man dieser Partnerschaft in aller Regel keine besonders guten Chancen. Zwar leidet der Krebs unter seinem feurigen Partner auf eine andere Weise als der in sich selbst verliebte Löwe. Aber es leiden beide und insgesamt, so sagt man, hält sich das gegenseitige Unglück so ziemlich die Waage.

Die Chinesen sehen die Sache dagegen deutlich komplexer. Auch sie sind überzeugt, dass die einzelnen Tierkreiszeichen mit anderen mehr oder weniger große Schwierigkeiten haben. Da sie jedoch Teil eines zwölfteiligen Zyklus sind und nicht in einer linearen Eins-zu-eins-Beziehung stehen, kann es bei ihnen durchaus vorkommen, dass der eine von seinem Partner genährt und unterstützt wird und daher völlig glücklich und zufrieden mit dieser Beziehung ist, während der andere zu kurz kommt und leidet.

Trifft beispielsweise ein Pferd auf einen Hasen, geht es ihm in dieser Beziehung extrem schlecht. Der Hase fühlt sich dagegen seinerseits mit dem Pferd recht wohl. Ob die Beziehung Bestand hat, hängt von den weiteren Rahmenbedingungen ab, man kann sie allerdings nie eindeutig positiv oder negativ bewerten, weil es auf den Standpunkt ankommt.

Ein weitgehendes „Gleichgewicht des Schreckens" oder auch eines des Glücks wie im europäischen Horoskop stellt sich bei den Chinesen nur selten ein, etwa wenn Drache und Affe aufeinanderstoßen. Noch nicht einmal, wenn sich zwei gleiche Vertreter eines Tierkreiszeichens zusammentun, muss das gut gehen. Beim Hasen oder beim Drachen geht es sehr gut, beim Hahn mündet es dagegen in der Katastrophe; wenngleich in einer für beide – falls das für irgendjemanden ein Trost sein sollte ...

Als Übersicht des grundsätzlichen Verhältnisses zueinander mag die folgende Tabelle dienen, mit der wir gute Erfahrungen gemacht haben (siehe Seite 26/27). In der linken Spalte steht der Partner, aus dessen Perspektive die Beziehung betrachtet wird, in der obersten Zeile sein Partner. Genaueres zu den Qualitäten der einzelnen Partnerschaftskombinationen aus dem Blickwinkel des Hundes, um den es ja in diesem Buch schwerpunktmäßig geht, finden Sie im Kapitel „Der Hund und die Liebe".

Tabelle 2: Qualität von Beziehungen im chinesischen Tierkreis

	Ratte	Büffel	Tiger	Hase	Drache	Schlange
Ratte	+	+ –	–	+ –	+ +	+ –
Büffel	+ –	+	–	+	–	+ –
Tiger	–	– –	+ –	+ +	–	+ –
Hase	–	+ –	–	+ +	+ +	–
Drache	+ –	–	+ –	+	+ +	+
Schlange	+	– –	+ +	+	+ +	–
Pferd	+ –	+ –	+ +	– –	+ +	+
Ziege	– –	+ –	–	+	+	+
Affe	+ –	– –	+ +	+	+ +	+
Hahn	+ +	–	+ –	–	+	+ –
Hund	+	+ –	+	+ +	+	– –
Schwein	+	+ +	+ –	+	–	+ –

Legende: + + = sehr gut, + = gut, + – = neutral, – = eher schlecht, – – = nun ja …

Ähnlich wie im europäischen Horoskop gibt es auch bei den Chinesen keine „guten" oder „schlechten" Tierkreiszeichen, sondern nur solche mit verschiedenen Eigenschaften, die mit unterschiedlichen Lebensaufgaben eben auch unterschiedlich gut umgehen können. In Bezug auf Partnerschaft ist es allerdings auffallend, dass die Chancen bei bestimmten Tieren deutlich besser stehen als bei anderen, dass sie ihre Partner fördern, andere hingegen für viele Partner eher eine Herausforderung darstellen. So haben Hähne auf überdurchschnittlich viele potenzielle Partner eine negative Wirkung, Drachen können sich dagegen für sehr viele Tierkreisvertreter als das große Los entpuppen.

Wohlgemerkt sprechen wir von den Chancen auf Förderung, denn wie jedes andere Horoskopsystem auch berechnet das chinesische nur die Chance auf Harmonie und Glück. Was der Einzelne dann aus seiner tatsächlich gelebten Bezie-

Pferd	Ziege	Affe	Hahn	Hund	Schwein	
–	+	+ +	–	+	+ +	Ratte
+ –	+	+ –	+	+ +	+	Büffel
+	+	+	–	+	–	Tiger
+	+ –	+	– –	+	+	Hase
+	–	+ +	+ –	–	+ –	Drache
+	– –	+	+ –	–	+ –	Schlange
+ +	+ –	+ –	+ –	+	+	Pferd
+	+ –	+	+	+ –	–	Ziege
+ –	– –	+	+ +	+ –	+ –	Affe
+	–	+ +	– –	+	– –	Hahn
+	+ –	+	+	+	+ –	Hund
+	–	+	– –	+ –	+ –	Schwein

hung macht, ob er glücklich oder unglücklich, in Harmonie oder im ewigen Streit lebt, bleibt jedem Menschen selbst überlassen.

Der Einfluss der Elemente

Auch bei der Partnerwahl nach den Prinzipien des chinesischen Horoskops steckt die Tücke im Detail. Die Chinesen geben sich bei der Bestimmung Erfolg versprechender Verbindungen nämlich nicht allein mit dem Tierkreis oder „Erdzweig" zufrieden, sondern berücksichtigen auch die Auswirkungen der zehn Himmelsstämme. Daher spielen auch die fünf Elemente sowie die Verteilung von Yin und Yang eine wichtige Rolle.

Dabei gilt generell: Yang-Energie verstärkt gewisse Eigenschaften, wirkt aber im Großen und Ganzen aufbauend und nährend, Yin-Energie schwächt dagegen vieles und führt zu Rückzug, Erschöpfung und Verbrauch. In einer Partnerschaft, so sagt man, sollten Yin und Yang gleichmäßig vertreten sein.

Die Elemente müssen dem chinesischen Verständnis zufolge in einer bestimmten Reihenfolge aufeinandertreffen, um sich

Der Kreislauf der fruchtbaren (außen) und der schwächenden (innen) Beziehungen zwischen den Elementen

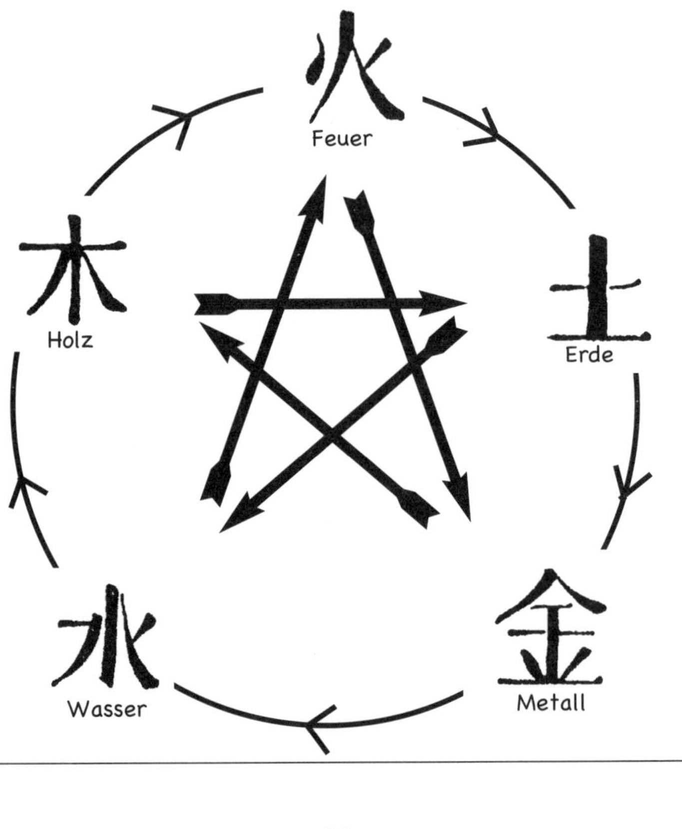

zu stärken und aufeinander aufzubauen. Wobei eine Umkehrung dieser Reihenfolge wiederum negative Auswirkungen auf die Beziehung haben kann, wodurch wiederum ein Ungleichgewicht zwischen dem Empfinden der Partner entsteht.

Die Chinesen unterscheiden vier unterschiedliche Beziehungssysteme zwischen den Elementen, die ganz leicht nachvollziehbar sind, wenn man sich die Auswirkungen der Elemente im täglichen Leben vorstellt:

- Die fruchtbare Beziehung: Holz nährt Feuer, Feuer nährt Erde, Erde nährt Metall, Metall nährt Wasser und Wasser nährt Holz.
- Die kontrollierende Beziehung: Holz kontrolliert Erde, Erde kontrolliert Wasser, Wasser kontrolliert Feuer, Feuer kontrolliert Metall und Metall kontrolliert Holz.
- Die schwächende Beziehung: Feuer verdampft Wasser, Wasser weicht Erde auf, Erde erstickt Holz, Holz macht Metall stumpf und Metall nimmt Feuer auf.
- Die erschöpfende Beziehung: Feuer verbrennt Holz, Holz saugt Wasser auf, Wasser lässt Metall verrosten, Metall raubt der Erde Mineralien und Erde erstickt Feuer.

Daraus ergibt sich die Tabelle auf Seite 30 für das Verhältnis der Elemente zueinander, in der wiederum das Element, aus dessen Sicht die Beziehung betrachtet wird, in der Spalte links außen zu finden ist.

Anders als bei den Europäern sind bei den Chinesen die Tierkreiszeichen nicht fix einem Element zugeordnet. Daher muss zur Beurteilung einer Partnerschaft auch das jeweilige Element und der Umstand berücksichtigt werden, ob es sich um ein Yin- oder ein Yang-Jahr handelt.

Nehmen wir beispielsweise die Partnerschaft zwischen einem Tiger und einem Büffel. Berücksichtigt man nur die Tiere der Erdzweige, dann ist diese Beziehung aus Sicht des Tigers eine reine Katastrophe und aus Sicht des Büffels ist es noch

Tabelle 3: Beeinflussung der Elemente untereinander

	Holz	Feuer	Erde	Metall	Wasser
Holz	+ –	– –	–	+	++
Feuer	++	+ –	– –	–	+
Erde	+	++	+ –	– –	–
Metall	–	+	++	+ –	– –
Wasser	– –	–	+	++	+ –

Legende:
+ + = sehr gut, + = gut, + – = neutral, – = eher schlecht, – – = schwierig

immer schlimm genug. Nehmen wir ferner an, dass die beiden 1961 und 1962 geboren wurden. Es handelt sich also um einen Metall-Büffel und einen Wasser-Tiger, wobei der Wasser-Tiger in dem dominanten Yang-Jahr geboren wurde, während der Büffel 1961 natürlich in einem Yin-Jahr zur Welt kam. Zunächst bedeutet dies, dass der Büffel der tendenziell der Beziehung dienende Teil dieses Paares ist, der Tiger der dominantere, fordernde, aber auch der gestaltende. Das passt ganz gut zur Gutmütigkeit des Büffels und zur Verwegenheit des Tigers, birgt aber auch Gefahren.

Nun wird Wasser in idealer Weise von Metall genährt, weshalb die Beziehungsbilanz für den Tiger gar nicht so schlecht ausfällt, wie beim Blick auf Tabelle 2 ursprünglich angenommen. Für den Büffel kann diese Konstellation allerdings zu einer seine letzten Kräfte raubenden Angelegenheit werden, in der er am Ende erschöpft auf der Strecke bleibt und dabei nicht so recht weiß, was mit seinen riesigen Energiereserven eigentlich passiert ist. Sie sind sozusagen im Wasser verrostet und nach und nach ist seine Struktur in sich zusammengebrochen.

Sehen wir uns ein zweites Beispiel an, nämlich das Verhältnis zwischen einem 1932 geborenen Wasser-Affen und einer 1936 geborenen Feuer-Ratte. Die Ratte, so scheint es nach einem

Blick auf Tabelle 2, hat mit dieser Beziehung das große Los gezogen, der Affe hingegen kann nur mit einer durchschnittlichen Beziehung ohne große Höhen, aber auch ohne große Tiefen rechnen. Beide Partner sind in Yang-Jahren geboren, haben also tendenziell eher das Bedürfnis zu gestalten und zu bestimmen, dienen will keiner von den beiden so recht. Das wird diese Beziehung schwierig machen. Zumal die Ratte mit ihrem Feuer dem Affen permanent das Gefühl gibt, ihn zu schwächen. Aus seiner Sicht sieht die Beziehung also tatsächlich nicht sonderlich attraktiv aus.

Aber wie geht es der Ratte? Lebt wenigstens sie im siebten Liebeshimmel? Auch nicht, denn sie wird das Gefühl haben, von ihrem Partner eingeschränkt und kontrolliert zu werden. Unter dem Strich ist es für sie in dieser Beziehung dennoch deutlich angenehmer als für ihn.

Bevor Sie sich nun hinsetzen und dieses Wirkungsgeflecht in Bezug auf sich und Ihre Liebsten ansehen, sollten Sie allerdings zunächst herausfinden, im Einflussbereich welcher chinesischer Tierkreiszeichen Sie geboren sind und welche Eigenschaften mit den Tieren der zwölf Erdzweige und den Elementen der zehn Himmelsstämme verbunden sind. All dies erfahren Sie im folgenden Kapitel.

Chinesische Kalender

Langsam nähern wir uns der Frage, welches chinesische Tierkreiszeichen wann herrscht. Um diese Frage allerdings genau beantworten zu können, müssen wir uns einer weiteren Herausforderung stellen: den chinesischen Kalendern. Wie bereits in der Einleitung erwähnt, weicht das System des chinesischen Kalenders deutlich von dem bei uns gebräuchlichen gregorianischen Kalender ab.

Um diese Komplexität zu verstehen, nähern wir uns ihr einmal über die Frage, was ein Kalender überhaupt ist.

Seit Jahrtausenden versucht die Menschheit, die Zeit auf irgendeine Art und Weise „einzufangen", das heißt, ihren Verlauf so zu strukturieren, dass bestimmte Tage wie religiöse Feste, wichtige landwirtschaftliche Stichtage oder persönliche Feiertage wie der Geburtstag in regelmäßigen Rhythmen wiederkehren, und zwar zu einem Zeitpunkt, der immer wieder vergleichbare Rahmenbedingungen bereithält.

Zu diesem Zweck hat sich die Menschheit an allgemein beobachtbaren, regelmäßig wiederkehrenden Zeichen orientiert: dem Stand der Sonne, dem Stand des Mondes und/oder den Konstellationen am Sternenhimmel. In einigen Kulturen wie bei den Germanen und den Kelten wurden auch natürliche Zustände wie der Fortschritt der Vegetation einbezogen, sodass Druiden und Schamanen die Aufgabe hatten, bestimmte Fest- und Feiertage jedes Jahr von Neuem festzulegen. Andere Kulturen beschränkten sich auf das, was sie am

Himmel beobachten konnten; einige leiteten daraus dann auch arithmetische Regeln ab, um die Zeit noch feiner strukturieren zu können.

Die Art, wie wir Europäer unsere Zeit einteilen, ist eng mit griechisch-römischen sowie jüdischen Traditionen verbunden:

- Unser derzeitiger Kalender basiert auf dem Sonnenjahr, das heißt, ein Jahr dauert so lange, wie die Erde benötigt, einmal die Sonne zu umrunden. Dieses sogenannte siderische Jahr dauert etwa 365 1/4 Tage. Unser Kalenderjahr geht allerdings nur von 365 Tagen aus, wodurch alle vier Jahre ein Schalttag eingeschoben wird. Dieses System geht bereits auf Julius Cäsar zurück, nach dem der bis ins 16. Jahrhundert gültige Kalender der julianische Kalender heißt.

  Da es im Laufe der Jahrzehnte aber trotzdem zu leichten Abweichungen kam, muss man hin und wieder einen Schalttag auslassen. Diese Verfeinerung des julianischen Kalenders wurde auf Befehl von Papst Gregor dem XIII. 1582 eingeführt und nach ihm heißt unser derzeitiges Kalendersystem gregorianischer Kalender. Unser Jahresbeginn am 1. Januar liegt rund 10 Tage nach der Wintersonnenwende und zwischen der Herbst- (23. 9.) und der Frühlingstagundnachtgleiche (21. 3.). Abweichend davon ist der astrologische Jahresbeginn bei uns am 21. 3., also zur Frühlingstagundnachtgleiche, wenn die Sonne in das Tierkreiszeichen des Widders eintritt.
- Das zweite Hauptgestirn am Himmel ist der Mond, der unserem Monat den Namen gab. Der Mond rundet sich alle 29,5 Tage, also rund zwölfmal im Jahr. Schon die Ägypter, Griechen und Römer teilten das Jahr in zwölf Monde, wobei sie im Wechsel 30- und 31-Tage-Monate und den kürzeren Februar schufen (eine künstliche Einteilung, die mit dem tatsächlichen Stand des Mondes nichts zu tun hat).

- Die Einteilung der Woche in sieben Tage und die Einteilung des Tages in 24 Stunden zu 60 Minuten und der Minute zu 60 Sekunden wiederum geht auf sumerisch-babylonische und jüdische Traditionen zurück.

Die Gliederung des Jahres

Unser gregorianischer Kalender ist seit 1929 auch in der Volksrepublik China und in Taiwan der offiziell gültige Kalender, was nicht zuletzt auf die Notwendigkeiten des modernen Wirtschaftslebens zurückzuführen ist. Man nennt ihn den westlichen oder auch den bürgerlichen Kalender (gongli).

Um das Jahr zu strukturieren, Festtage festzulegen, Termine für die Landwirtschaft zu definieren, aber auch, um Horoskope zu berechnen, verwenden die Chinesen jedoch den traditionellen chinesischen Bauernkalender. Dabei handelt es sich um einen Sonnenkalender – alles andere wäre für die Landwirtschaft ja unsinnig. Seit 1645 – in diesem Jahr führte der Jesuitenpater Adam Schall, der ein guter Astronom war, am chinesischen Hof lebte und zahlreiche Ehrenämter innehatte, die Berechnung von Sonnen- und Mondbewegungen mit Sinuskurven ein und reformierte auf diese Weise den chinesischen Kalender, was vor allem Auswirkungen auf die Verteilung der Schaltmonate hatte.

Dieser traditionelle chinesische Bauernkalender untergliedert das Jahr in 24 markante Daten, an denen die Sonne auf ihrem gedachten kreisförmigen Weg um die Erde jeweils 15 Grad zurückgelegt hat (also ein Vierundzwanzigstel von 360 Grad, der Winkelsumme im Kreis, wie wir aus der Schule noch wissen). Die Bezeichnung dieser 24 Zeitabschnitte (chinesisch jieqi, wörtlich: Wetterknoten) spiegelt ihre Bedeutung für die Landwirtschaft wieder, wie ihre sprechenden Bezeichnungen in der Tabelle 4 anschaulich zeigen.

Sie werden unterschieden in Hauptperioden (zongqi) und Nebenperioden, jede Nebenperiode markiert den Beginn eines neuen Monats im Zeichen eines Tiers des chinesischen Tierkreises.

Die genauen Termine dieser Phasen müssen am konkreten Stand der Sonne abgelesen werden und können sich um einen Tag verschieben. In der folgenden Liste finden Sie den jeweils frühesten möglichen Zeitpunkt für den Beginn einer Phase. In manchen Jahren liegen einzelne Sonnenperioden um einen Tag später, als in unserer Tabelle angegeben. Genaueres finden Sie auf der Website des Hong Kong Observatory (siehe Seite 139).

Tabelle 4: Hauptperioden und Monatseinteilung im chinesischen Bauernkalender, einem Sonnenkalender

Jieqi (Sonnenperioden)	Frühester Termin	Erdzweig/Tier
1. Hauptperiode: Wintersonnenwende	22. 12.	(noch) Ratte
Kleine Kälte	06. 01.	Beginn des Monats des Büffels
2. Hauptperiode: Große Kälte	20. 01.	
Frühlingsanfang	04. 02.	Beginn des Monats des Tigers
3. Hauptperiode: Frühlingsregen	19. 02.	
Erwachen der Insekten	06. 03.	Beginn des Monats des Hasen
4. Hauptperiode: Frühlingstagundnachtgleiche	21. 03.	
Helles und klares Wetter	05. 04.	Beginn des Monats des Drachen

5. Hauptperiode: Getreideregen	20. 04.	
Sommerbeginn	06. 05.	Beginn des Monats der Schlange
6. Hauptperiode: Kleine Fülle	21. 05.	
Körneransatz am Getreide	06. 06.	Beginn des Monats des Pferdes
7. Hauptperiode: Sommersonnenwende	22. 06.	
Kleine Hitze	07. 07.	Beginn des Monats der Ziege
8. Hauptperiode: Große Hitze.	23. 07.	
Herbstbeginn	08. 08.	Beginn des Monats des Affen
9. Hauptperiode: Die Hitze endet	23. 08.	
Weißer Tau	08. 09.	Beginn des Monats des Hahns
10. Hauptperiode: Herbst-tagundnachtgleiche	23. 09.	
Kalter Tau	08. 10.	Beginn des Monats des Hundes
11. Hauptperiode: Frost	24. 10.	
Winterbeginn	08. 11.	Beginn des Monats des Schweins
12. Hauptperiode: Leichter Schnee	22. 11.	
Schwerer Schnee	07. 12.	Beginn des Monats der Ratte

Das chinesische Neujahrsfest

Und das chinesische Neujahrsfest? Es findet keineswegs jedes Jahr am 4. Februar statt, wie wir aus den Medien erfahren.

Bei seiner Festlegung kommt der Mond ins Spiel. Es wird nach einem dritten Kalender berechnet, dem traditionellen oder alten chinesischen Kalender (nongli). Es handelt sich um einen Lunisolar-Kalender (yinyangli), also einen, der sowohl den Stand der Sonne (yang) als auch den des Mondes (yin) berücksichtigt. Er ist deswegen so kompliziert, weil auch er nicht auf Mittelwerten beruht, sondern auf exakten astronomischen Berechnungen der Stellungen von Sonne und Mond.

Ein Mondmonat reicht von Neumond bis Neumond und dauert 29 Tage, zwölf Stunden, 44 Minuten und drei Sekunden. Neben den 12 Haupt-Sonnenphasen teilen die Mondmonate den chinesischen Kalender in 12 bzw. 13 Monate. Diese Monate werden von eins bis zwölf durchnummeriert. Der elfte Monat ist jener, in dem die Sonne durch die Wintersonnenwende wandert.

Da Monate 29 oder 30 Tage dauern, ergibt sich zum tropischen Sonnenjahr eine Differenz von mehr als zehn Tagen. Daher wurde im fünften Jahrhundert vor Christi Geburt ein System von Schaltmonaten entwickelt: Auf jeweils 19 Jahre werden seither sieben Schaltmonate eingefügt. Ein Schaltmonat ist dabei der erste Monat nach der Wintersonnenwende, in dem die Sonne innerhalb einer Hauptperiode (zongqi) bleibt. Der Schaltmonat erhält die gleiche Nummer wie der Monat zuvor.

Der chinesische Neujahrstermin nun wird nach dem Mond berechnet und nicht nach dem Ablauf eines Sonnenjahres. Das Neujahrsfest fällt in den allermeisten Jahren auf den zweiten Neumond nach der Wintersonnenwende, also auf den Zeitraum zwischen dem 21. Januar und dem 19. Februar. Zu diesem Zeitpunkt wird auch der Wechsel des „tierischen" Jahresregenten gefeiert.

Astrologischer Jahresbeginn

Innerhalb der chinesischen Astrologie werden die Systeme durchaus gemischt. Ihr persönlicher Jahresregent wird in vielen Horoskopen nach dem chinesischen Neujahrstermin im Lunisolarkalender angegeben, in anderen dagegen wie auch die Monatsregenten nach den jieqi des chinesischen Bauernkalenders.

Wenn Sie zwischen dem 21. Januar und dem 19. Februar geboren sind, könnten Sie Ihren Jahresregenten nach dem chinesischen Neujahrstermin oder nach dem Frühlingsanfang

Tabelle 5: Jahresbeginn nach dem traditionellen Lunisolarkalender und nach dem chinesischen Bauernkalender.

Element	Yin/Yang	Tierzeichen	Jahresbezeichnung
Metall	Yin	Büffel	Jahr des Metall-Büffels
Wasser	Yang	Tiger	Jahr des Wasser-Tigers
Wasser	Yin	Hase	Jahr des Wasser-Hasen
Holz	Yang	Drache	Jahr des Holz-Drachen
Holz	Yin	Schlange	Jahr der Holz-Schlange
Feuer	Yang	Pferd	Jahr des Feuer-Pferdes
Feuer	Yin	Ziege	Jahr der Feuer-Ziege
Erde	Yang	Affe	Jahr des Erd-Affen
Erde	Yin	Hahn	Jahr des Erd-Hahns
Metall	Yang	Hund	Jahr des Metall-Hunds
Metall	Yin	Schwein	Jahr des Metall-Schweins
Wasser	Yang	Ratte	Jahr der Wasser-Ratte
Wasser	Yin	Büffel	Jahr des Wasser-Büffels
Holz	Yang	Tiger	Jahr des Holz-Tigers
Holz	Yin	Hase	Jahr des Holz-Hasen
Feuer	Yang	Drache	Jahr des Feuer-Drachen
Feuer	Yin	Schlange	Jahr der Feuer-Schlange
Erde	Yang	Pferd	Jahr des Erd-Pferdes
Erde	Yin	Ziege	Jahr der Erd-Ziege
Metall	Yang	Affe	Jahr des Metall-Affen
Metall	Yin	Hahn	Jahr des Metall-Hahns

im chinesischen Bauernkalender wählen. Für welches System Sie sich entscheiden, bleibt im Grunde Ihnen überlassen. Für alle Menschen, die vom 20. Februar bis zum 20. Januar des folgenden Jahres geboren sind, stellt sich diese Frage dagegen nicht.

Wenn in diesem Buch zur Veranschaulichung der Angabe „Jahr des Metall-Hunds" die Angabe „Jahrgang 1910" steht, bezieht sich das auf alle Menschen, die zwischen dem chinesischen Jahresbeginn des Jahres 1910 und jenem des Jahres 1911, also zwischen dem 10. 2. 1910 und dem 18. 2. 1911 geboren wurden.

Chinesisch	Neujahr	Frühlingsbeginn
Xin-Chou	19. 02. 1901	04. 02. 1901
Ren-yin	08. 02. 1902	05. 02. 1902
Gui-mao	29. 01. 1903	05. 02. 1903
Jia-chen	16. 02. 1904	05. 02. 1904
Yi-si	04. 02. 1905	04. 02. 1905
Bing-wu	25. 01. 1906	05. 02. 1906
Ding-wei	13. 02. 1907	05. 02. 1907
Wu-shen	02. 02. 1908	05. 02. 1908
Ji-you	22. 01. 1909	04. 02. 1909
Geng-xu	10. 02. 1910	05. 02. 1910
Xin-hai	30. 01. 1911	05. 02. 1911
Ren-zi	18. 02. 1912	05. 02. 1912
Gui-chou	06. 02. 1913	04. 02. 1913
Jia-yin	26. 01. 1914	04. 02. 1914
Yi-mao	14. 02. 1915	05. 02. 1915
Bing-chen	03. 02. 1916	05. 02. 1916
Ding-si	23. 01. 1917	04. 02. 1917
Wu-wu	11. 02. 1918	04. 02. 1918
Ji-wei	01. 02. 1919	05. 02. 1919
Geng-shen	20. 02. 1920	05. 02. 1920
Xin-you	08. 02. 1921	04. 02. 1921

Wasser	Yang	Hund	Jahr des Wasser-Hundes
Wasser	Yin	Schwein	Jahr des Wasser-Schweins
Holz	Yang	Ratte	Jahr der Holz-Ratte
Holz	Yin	Büffel	Jahr des Holz-Büffels
Feuer	Yang	Tiger	Jahr des Feuer-Tigers
Feuer	Yin	Hase	Jahr des Feuer-Hasen
Erde	Yang	Drache	Jahr des Erd-Drachen
Erde	Yin	Schlange	Jahr der Erd-Schlange
Metall	Yang	Pferd	Jahr des Metall-Pferds
Metall	Yin	Ziege	Jahr der Metall-Ziege
Wasser	Yang	Affe	Jahr des Wasser-Affen
Wasser	Yin	Hahn	Jahr des Wasser-Hahns
Holz	Yang	Hund	Jahr des Holz-Hunds
Holz	Yin	Schwein	Jahr des Holz-Schweins
Feuer	Yang	Ratte	Jahr der Feuer-Ratte
Feuer	Yin	Büffel	Jahr des Feuer-Büffels
Erde	Yang	Tiger	Jahr des Erd-Tigers
Erde	Yin	Hase	Jahr des Erd-Hasen
Metall	Yang	Drache	Jahr des Metall-Drachen
Metall	Yin	Schlange	Jahr der Metall-Schlange
Wasser	Yang	Pferd	Jahr des Wasser-Pferds
Wasser	Yin	Ziege	Jahr der Wasser-Ziege
Holz	Yang	Affe	Jahr des Holz-Affen
Holz	Yin	Hahn	Jahr des Holz-Hahns
Feuer	Yang	Hund	Jahr des Feuer-Hunds
Feuer	Yin	Schwein	Jahr des Feuer-Schweins
Erde	Yang	Ratte	Jahr der Erd-Ratte
Erde	Yin	Büffel	Jahr des Erd-Büffels
Metall	Yang	Tiger	Jahr des Metall-Tigers
Metall	Yin	Hase	Jahr des Metall-Hasen
Wasser	Yang	Drache	Jahr des Wasser-Drachen
Wasser	Yin	Schlange	Jahr der Wasser-Schlange
Holz	Yang	Pferd	Jahr des Holz-Pferds
Holz	Yin	Ziege	Jahr der Holz-Ziege
Feuer	Yang	Affe	Jahr des Feuer-Affen
Feuer	Yin	Hahn	Jahr des Feuer-Hahns
Erde	Yang	Hund	Jahr des Erd-Hunds
Erde	Yin	Schwein	Jahr des Erd-Schweins
Metall	Yang	Ratte	Jahr der Metall-Ratte

Ren-xu	28. 01. 1922	04. 02. 1922
Gui-hai	16. 02. 1923	05. 02. 1923
Jia-zi	05. 02. 1924	05. 02. 1924
Yi-chou	25. 01. 1925	04. 02. 1925
Bing-yin	13. 02. 1926	04. 02. 1926
Ding-mao	02. 02. 1927	05. 02. 1927
Wu-chen	23. 01. 1928	05. 02. 1928
Ji-si	10. 02. 1929	04. 02. 1929
Geng-wu	30. 01. 1930	04. 02. 1930
Xin-wei	17. 02. 1931	05. 02. 1931
Ren-shen	06. 02. 1932	05. 02. 1932
Gui-you	26. 01. 1933	04. 02. 1933
Jia-xu	14. 02. 1934	04. 02. 1934
Yi-hai	04. 02. 1935	05. 02. 1935
Bing-zi	24. 01. 1936	05. 02. 1936
Ding-chou	11. 02. 1937	04. 02. 1937
Wu-yin	31. 01. 1938	04. 02. 1938
Ji-mao	19. 02. 1939	05. 02. 1939
Geng-chen	07. 02. 1940	05. 02. 1940
Xin-si	27. 01. 1941	04. 02. 1941
Ren-wu	15. 02. 1942	04. 02. 1942
Gui-wei	05. 02. 1943	05. 02. 1943
Jia-shen	25. 01. 1944	05. 02. 1944
Yi-you	13. 02. 1945	04. 02. 1945
Bing-xu	02. 02. 1946	04. 02. 1946
Ding-hai	22. 01. 1947	04. 02. 1947
Wu-zi	10. 02. 1948	05. 02. 1948
Ji-chou	29. 01. 1949	04. 02. 1949
Geng-yin	17. 02. 1950	04. 02. 1950
Xin-mao	06. 02. 1951	04. 02. 1951
Ren-chen	27. 01. 1952	05. 02. 1952
Gui-si	14. 02. 1953	02. 02. 1953
Jia-wu	03. 02. 1954	04. 02. 1954
Yi-wei	24. 01. 1955	04. 02. 1955
Bing-shen	12. 02. 1956	05. 02. 1956
Ding-you	31. 01. 1957	04. 02. 1957
Wu-xu	18. 02. 1958	04. 02. 1958
Ji-hai	08. 02. 1959	04. 02. 1959
Geng-zi	28. 01. 1960	05. 02. 1960

Metall	Yin	Büffel	Jahr des Metall-Büffels
Wasser	Yang	Tiger	Jahr des Wasser-Tigers
Wasser	Yin	Hase	Jahr des Wasser-Hasen
Holz	Yang	Drache	Jahr des Holz-Drachen
Holz	Yin	Schlange	Jahr der Holz-Schlange
Feuer	Yang	Pferd	Jahr des Feuer-Pferdes
Feuer	Yin	Ziege	Jahr der Feuer-Ziege
Erde	Yang	Affe	Jahr des Erd-Affen
Erde	Yin	Hahn	Jahr des Erd-Hahns
Metall	Yang	Hund	Jahr des Metall-Hunds
Metall	Yin	Schwein	Jahr des Metall-Schweins
Wasser	Yang	Ratte	Jahr der Wasser-Ratte
Wasser	Yin	Büffel	Jahr des Wasser-Büffels
Holz	Yang	Tiger	Jahr des Holz-Tigers
Holz	Yin	Hase	Jahr des Holz-Hasen
Feuer	Yang	Drache	Jahr des Feuer-Drachen
Feuer	Yin	Schlange	Jahr der Feuer-Schlange
Erde	Yang	Pferd	Jahr des Erd-Pferds
Erde	Yin	Ziege	Jahr der Erd-Ziege
Metall	Yang	Affe	Jahr des Metall-Affen
Metall	Yin	Hahn	Jahr des Metall-Hahns
Wasser	Yang	Hund	Jahr des Wasser-Hunds
Wasser	Yin	Schwein	Jahr des Wasser-Schweins
Holz	Yang	Ratte	Jahr der Holz-Ratte
Holz	Yin	Büffel	Jahr des Holz-Büffels
Feuer	Yang	Tiger	Jahr des Feuer-Tigers
Feuer	Yin	Hase	Jahr des Feuer-Hasen
Erde	Yang	Drache	Jahr des Erd-Drachen
Erde	Yin	Schlange	Jahr der Erd-Schlange
Metall	Yang	Pferd	Jahr des Metall-Pferdes
Metall	Yin	Ziege	Jahr der Metall-Ziege
Wasser	Yang	Affe	Jahr des Wasser-Affen
Wasser	Yin	Hahn	Jahr des Wasser-Hahns
Holz	Yang	Hund	Jahr des Holz-Hunds
Holz	Yin	Schwein	Jahr des Holz-Schweins
Feuer	Yang	Ratte	Jahr der Feuer-Ratte
Feuer	Yin	Büffel	Jahr des Feuer-Büffels
Erde	Yang	Tiger	Jahr des Erd-Tigers
Erde	Yin	Hase	Jahr des Erd-Hasen

Xin-chou	15. 02. 1961	04. 02. 1961
Ren-yin	05. 02. 1962	04. 02. 1962
Gui-mao	25. 01. 1963	04. 02. 1963
Jia-chen	13. 02. 1964	05. 02. 1964
Yi-si	02. 02. 1965	04. 02. 1965
Bing-wu	21. 01. 1966	04. 02. 1966
Ding-wei	09. 02. 1967	04. 02. 1967
Wu-shen	30. 01. 1968	05. 02. 1968
Ji-you	17. 02. 1969	04. 02. 1969
Geng-xu	06. 02. 1970	04. 02. 1970
Xin-hai	27. 01. 1971	04. 02. 1971
Ren-zi	16. 02. 1972	05. 02. 1972
Gui-chou	03. 02. 1973	04. 02. 1973
Jia-yin	23. 01. 1974	04. 02. 1974
Yi-mao	11. 02. 1975	04. 02. 1975
Bing-chen	31. 01. 1976	05. 02. 1976
Ding-si	18. 02. 1977	04. 02. 1977
Wu-wu	07. 02. 1978	04. 02. 1978
Ji-wei	28. 01. 1979	04. 02. 1979
Geng-shen	16. 02. 1980	05. 02. 1980
Xin-you	05. 02. 1981	04. 02. 1981
Ren-xu	25. 01. 1982	04. 02. 1982
Gui-hai	13. 02. 1983	04. 02. 1983
Jia-zi	02. 02. 1984	04. 02. 1984
Yi-chou	20. 02. 1985	04. 02. 1985
Bing-yin	09. 02. 1986	04. 02. 1986
Ding-mao	29. 01. 1987	04. 02. 1987
Wu-chen	17. 02. 1988	04. 02. 1988
Ji-si	06. 02. 1989	04. 02. 1989
Geng-wu	27. 01. 1990	04. 02. 1990
Xin-wei	16. 02. 1991	04. 02. 1991
Ren-shen	04. 02. 1992	04. 02. 1992
Gui-you	23. 01. 1993	04. 02. 1993
Jia-xu	10. 02. 1994	04. 02. 1994
Yi-hai	31. 01. 1995	04. 02. 1995
Bing-zi	19. 02. 1996	04. 02. 1996
Ding-chou	07. 02. 1997	04. 02. 1997
Wu-yin	28. 01. 1998	04. 02. 1998
Ji-mao	16. 02. 1999	04. 02. 1999

Metall	Yang	Drache	Jahr des Metall-Drachen
Metall	Yin	Schlange	Jahr der Metall-Schlange
Wasser	Yang	Pferd	Jahr des Wasser-Pferds
Wasser	Yin	Ziege	Jahr der Wasser-Ziege
Holz	Yang	Affe	Jahr des Holz-Affen
Holz	Yin	Hahn	Jahr des Holz-Hahns
Feuer	Yang	Hund	Jahr des Feuer-Hunds
Feuer	Yin	Schwein	Jahr des Feuer-Schweins
Erde	Yang	Ratte	Jahr der Erd-Ratte
Erde	Yin	Büffel	Jahr des Erd-Büffels
Metall	Yang	Tiger	Jahr des Metall-Tigers

Quelle für alle Daten: Hong Kong Observatory

Die Jahresregenten

Der Jahresregent bestimmt in der chinesischen Astrologie die grundsätzlichen Qualitäten eines Jahres. Ein Jahr der Ratte stellt alle Menschen vor gewisse Herausforderungen und Probleme, etwa die Gefahr von Überforderung und Burn-out. Es beinhaltet aber auch ähnliche Chancen, etwa, dass Karrieren gelingen, große Pläne erfolgreich umgesetzt und Hindernisse aus dem Weg geräumt werden können.

Im chinesischen Horoskop spielt der Jahresregent eine zentrale Rolle. Er gibt so etwas wie eine grobe Leitlinie im Leben vor, die festlegt, mit welchen Charaktereigenschaften ein Mensch ausgestattet ist, was ihm besonders leicht gelingt und womit er seine Probleme hat. Außerdem bestimmt er über Harmonien und Disharmonien mit anderen Jahresregenten, gibt also Hinweise darauf, mit welchen Menschen aus anderen Geburtsjahrgängen bestimmte Chancen existieren bzw. bestimmte Herausforderungen zu bewältigen sind.

Modifiziert wird das herrschende Tierkreiszeichen (Erdzweig) einerseits durch den Wechsel der Himmelsstämme, also dem

Geng-chen	05. 02. 2000	04. 02. 2000
Xin-si	24. 01. 2001	04. 02. 2001
Ren-wu	12. 02. 2002	04. 02. 2002
Gui-wei	01. 02. 2003	04. 02. 2003
Jia-shen	22. 01. 2004	04. 02. 2004
Yi-you	09. 02. 2005	04. 02. 2005
Bing-xu	29. 01. 2006	04. 02. 2006
Ding-hai	18. 02. 2007	04. 02. 2007
Wu-zi	07. 02. 2008	04. 02. 2008
Ji-chou	26. 01. 2009	04. 02. 2009
Geng-yin	14. 02. 2010	04. 02. 2010

Rhythmus der fünf Elemente, andererseits durch die Regenten des Geburtsmonats und der Geburtsstunde. Dies ist einer der wesentlichen Unterschiede zwischen der chinesischen und der europäischen Astrologie: In der europäischen Astrologie erfolgt die primäre Unterscheidung der Charaktere auf der Basis der monatlich wechselnden Tierkreiszeichen, und erst auf einer differenzierteren Betrachtungsebene werden die Veränderungen im Jahresrhythmus infolge der Stellungen langsam kreisender Planeten herangezogen; im Chinesischen gilt das Besondere des Jahres als primäres Einordnungskriterium, die Veränderungen im Laufe der Monate und Stunden dagegen wirken sich darauf modifizierend aus.

In diesem Buch werden wir deshalb auch nur knapp auf diese Modifikationen durch Monat und Stunde eingehen und uns im Wesentlichen auf die Beschreibung der Jahresregenten beschränken. Treffende Detailanalysen sprengen nämlich den Rahmen dieses Buches und sollten von echten Spezialisten vorgenommen werden, da die Einflussfaktoren so vielschichtig ineinander verwoben sind, dass sie kaum in allgemeingültige Formen gefasst werden können. Mit der Erstellung eines detaillierten Lebenshoroskops, das all diese Dinge berücksichtigt, sind auch heute, im Zeitalter der Computerprogramme, chinesische Astrologen noch viele Tage lang beschäftigt.

Wenden wir uns nun einem Überblick der verschiedenen Jahresqualitäten zu, streifen dabei aber die Auswirkung der Himmelsstämme (Elemente und Yin/Yang-Rhythmus) nur am Rande:

Die Ratte als Jahresherrscher

Das Wesen des Ratte-Jahres liegt in der Kraft und dem Fortschritt der Erkenntnis. Das klingt anstrengend, ist es aber im Grunde nicht. Denn gleichzeitig steht das Jahr der Ratte unter dem Motto „Es darf auch leicht gehen". Denn in Ratte-Jahren will so einiges gelingen, was in anderen Jahren außerhalb unserer Reichweite lag.

Die Zielstrebigkeit, die die meisten Menschen in solchen Jahren entwickeln, wird allerdings weniger aus harter, konsequenter Arbeit geboren als durch Einfallsreichtum und ein gewisses Maß an List. Es ist ein Jahr für Lebenskünstler, die vom Leben vor allem eines für sich fordern: das Beste.

Geht es um wichtige Dinge, scheinen in Ratte-Jahren die Grenzen abgeschafft zu sein. Alle verfügbare Energie kommt ins Spiel, wenn nötig, auch Aggressivität und Rücksichtslosigkeit. Das ist vor allem dann der Fall, wenn auch das Element Feuer mitmischt. Außerdem treten Oberflächlichkeit und Maßlosigkeit auf, ein Eindruck, der allerdings mehr durch die Lebensfreude und den großen Energieeinsatz im Ratte-Jahr entsteht als durch echtes Desinteresse.

Für großartige Bedenken, Skrupel oder detaillierte Planungen ist in Ratte-Jahren einfach keine Zeit. Wer in einem Ratte-Jahr eine Chance verpasst, muss ihr nicht lange nachtrauern, sondern sollte auf die nächste Gelegenheit vertrauen. Es kommt immer etwas Besseres nach.

Ratte-Jahre sind nicht unbedingt die besten Jahre für Eheschließungen, allerdings sind sie auch nicht völlig ungeeignet dafür, sind Ratten doch durchaus sozial orientierte Wesen. Die Familie stellt für sie einen Wert dar, wenngleich sie ihn nicht unbedingt aktiv anstreben.

Wer in einem Ratte-Jahr geboren ist, für den gibt es keine Grenzen – auch keine persönlichen. Er lebt sein Leben ohne Kompromisse und verfolgt seine Ziele mit einer gehörigen Portion Angriffslust.

Der Büffel als Jahresherrscher

Die Ruhe und Beständigkeit des Büffels ist sprichwörtlich. Hat er die Dinge einmal für richtig erkannt, verfolgt er sie mit seiner ruhigen, konsequenten Art und lässt sich durch nichts und niemanden davon abbringen. Diese Qualitäten begegnen einem auch in den Jahren, die von diesem Vertreter des Tierkreises regiert werden.

In Büffel-Jahren steht den Menschen viel beständige Energie zur Verfügung, die sie dazu verwenden können, um mit vielen kleinen Schritten ihre Ziele zu erreichen. Große Sprünge oder kreative Abkürzungen sind in diesen Jahren dagegen nicht angesagt.

Büffel-Jahre sind gute Jahre, um auf der Karriereleiter die eine oder andere Sprosse hinaufzuklettern. Sie eignen sich außerdem hervorragend dazu, solide Beziehungen zu knüpfen oder die Basis für wirtschaftliche und soziale Sicherheit zu legen.

Man muss in Büffel-Jahren allerdings aufpassen, dass das Streben nach Sicherheit nicht zu sturem Beharren entartet, vor allem, wenn auch noch das Element Metall ins Spiel kommt. Manchmal besteht aber auch die Gefahr, dass die sanfte Ruhe und Beständigkeit in Trägheit umschlägt und den Eindruck des Egoismus entstehen lässt.

Im Jahr des Büffels Geborene sind ruhige, geduldige und zuverlässige Zeitgenossen. Ihre Sanftmut und Geduld ist sprichwörtlich und, sofern sie nicht in Trägheit verfallen, auch ihre größte Stärke. Aus dem Gleichgewicht geraten Büffel nur, wenn man ihre subjektive Sicherheit bedroht. Dann werden sie zur Furie. Ein rotes Tuch zeigt man dem Büffel besser nicht.

Der Tiger als Jahresherrscher

In Tiger-Jahren geht es in aller Regel ziemlich turbulent zu, was sowohl aus sexueller wie auch aus spiritueller Energie gespeist wird. Es sind Jahre des missionarischen Eifers, in dem sich viele Menschen auf eine spannende Reise der eigenen Entwicklung begeben.

Bei den Chinesen sind diese Jahre sehr beliebt, gelten sie doch gemeinsam mit Drachen-Jahren als Glücksjahre. Allerdings fußt dieses Glück anders als beim Drachen nicht auf den fünf klassischen chinesischen Tugenden der Harmonie, der Rechtschaffenheit, der Vorbildfunktion, wirtschaftlichen Gesundheit und Langlebigkeit.

Der Tiger bringt persönliche Reife, die allerdings mit viel

Aufregung und Wirbel verbunden ist, bis man sie tatsächlich errungen hat.

Bequem sind diese Jahre trotz ihres Glückspotenzials nicht. Die Jahre des Tigers können dazu beitragen, die Welt ein Stückchen besser zu machen, vor allem, weil auch Feinfühligkeit und Warmherzigkeit im Spiel sind. Allerdings kann es auch vorkommen, dass sich die vorher nach außen gerichteten Energien nach innen kehren und bislang für das Gemeinwohl engagierte Menschen sich enttäuscht zurückziehen. In solchen Jahren finden auch Scharlatane über Gebühr Gehör.

Und obwohl Sexualität und Erotik in Tiger-Jahren sehr präsent sind, so sollte man sich dennoch zweimal überlegen, ob man in einem Tiger-Jahr eine Ehe schließt. Denn die sexuelle Kraft des Tigers hat mehr mit der eigenen Entwicklung zu tun als mit der Begründung einer soliden häuslichen Beziehung.

Tiger-Geborene sind missionarische Eiferer, deren Lebensfreude in aller Regel unwiderstehlich anziehend wirkt. Der Tiger lebt seinen Traum von einer besseren Welt, in der alle Menschen Brüder werden.

Hin und wider wacht er allerdings aus diesem Traum auf, zieht sich frustriert zurück und hadert mit Gott und der Welt. Allerdings nicht allzu lange, denn dort hat er nicht das Publikum, das er im Grunde braucht, um sich wohlzufühlen. Dann taucht er aus seinem Schmollwinkel auf. Bis zum nächsten Erwachen …

Der Hase als Jahresherrscher

In Hase-Jahren dominieren Harmonie und Schönheit. Nicht von ungefähr war deshalb auch Cocooning – der Rückzug in die eigenen, gemütlich eingerichteten vier Wände – das Modewort des Jahres 1999. In vom Hasen regierten Jahren treten Karrierestreben oder Vergnügen im öffentlichen Raum in den Hintergrund. Die Menschen scheinen ausgezeichnete Antennen für ihre Umgebung zu entwickeln und zeigen besondere Hilfsbereitschaft.

In Hase-Jahren besteht die Chance, für lange schwelende Konflikte Lösungen zu finden und alte Feindschaften zu begraben. Die Tendenz zu überraschenden diplomatischen Lösungen wird noch weiter verstärkt, wenn außerdem das Element Luft ins Spiel kommt. Wer in einem Hase-Jahr mit dem Element Erde heiratet, hat große Chancen auf ein gemütliches, hübsch eingerichtetes Heim und ein harmonisches Familienleben.

Unter bestimmten Bedingungen kann die Hilfsbereitschaft des Hasen allerdings auch ihre schwierigen Seiten offenbaren. Dann besteht nämlich die Gefahr, dass aus Mitgefühl Mitleid wird. So wird die Hilfsbereitschaft zur Last für den Mitleidenden, ohne dass dem anderen wirklich geholfen wäre.

Außerdem sollte man sich in Hase-Jahren davor hüten, zu viel Druck auf andere Menschen auszuüben. Das vertragen sie nämlich in aller Regel nicht besonders gut und entziehen sich dem mit unnachvollziehbaren Kapriolen. Der Hase schlägt seine Haken und verschwindet verschreckt.

Im Jahr des Hasen Geborene haben in aller Regel eine sehr positive Lebenseinstellung und nehmen auch von ihren Mitmenschen zunächst einmal nur das Beste an. Sie sind geborene Diplomaten, die dank ihrer sozialen Intelligenz tragfähige, von allen zufrieden akzeptierte Kompromisse zu schaffen verstehen.

Hasen laden dazu ein, sie zu unterschätzen, doch das könnte ein Fehler sein. Ohne sie wäre das Leben härter.

Der Drache als Jahresherrscher

Der Drache gilt als Glücksbringer im chinesischen Tierkreis, er symbolisiert gleichermaßen Macht, Glück und geistige Wendigkeit. Im Drachen vereinigen sich die fünf wichtigsten traditionellen chinesischen Tugenden, nämlich Harmonie, Rechtschaffenheit, Vorbildfunktion, wirtschaftliche Gesundheit und Langlebigkeit.

Kein Wunder, dass Drache-Jahre in China besonders beliebt sind, hofft doch jeder, nun endlich auch einmal eine Portion Glück vom Leben abzubekommen.

Drache-Jahre lassen sich gut dazu nutzen, sich selbst einmal richtig in Szene zu setzen, etwa im Beruf oder auch im Freundes- und Bekanntenkreis. Die Energie des Jahres hilft ausgezeichnet dabei, sich selbst und andere zu Höchstleistungen zu motivieren. Oder man begnügt sich damit, sich und seine Umgebung zu unterhalten, was zweifellos auch seinen Reiz hat.

In China stehen die Drache-Jahre aber vor allem unter dem Zeichen des persönlichen Reichtums, der Macht und der Gesundheit. In Drache-Jahren sind die Chinesen überzeugt, dass ihnen alles gelingt, was sie reicher, mächtiger und gesünder macht. Deshalb vom Egoismus des Drachen zu sprechen, wäre allerdings verfehlt, werden diese positiven Gaben des Schicksals doch auch großzügig mit anderen geteilt.

Unter Umständen kann es aber auch unter der Regentschaft des Drachen zu Rückzugstendenzen kommen. Drachen haben eben auch das Bedürfnis, sich ab und zu in ihre Höhle zurückzuziehen. Dann treten der erwähnte Egoismus und Arroganz in Erscheinung.

Der im Jahr des Drachen Geborene gilt in China als absoluter Glückspilz, dem man einen Hang zu Macht und Geld – und damit zu Geltung – nachsagt. Im Grunde seines Herzens ist er überzeugt, anders zu sein als die anderen Menschen. Daher wechselt sich bei ihm auch das Bedürfnis, im Mittelpunkt zu stehen, häufig ab mit dem Verlangen nach Rückzug. Im chinesischen Kulturkreis sieht man ihm das eher nach als bei uns.

Die Schlange als Jahresherrscher

In unserer Kultur ist die Schlange der Inbegriff der List, die den Menschen mit dem Sündenfall aus dem Paradies vertrieb und ins Unglück stürzte. In vielen anderen Kulturen steht sie dagegen durch ihre zahllosen Häutungen und ihre schwere Greifbarkeit für mystische Wandlung und Spiritualität. Auch die Chinesen nähern sich eher auf die zweite Art und Weise diesem Wesen an.

Die Schlange gilt als allumfassender Hinterfrager, der Unbegreifliches begreifen will und dabei auch Tabus bricht und bislang als sicher Geltendes in Frage stellt.

Schlange-Jahre stehen im Zeichen des vollständigen Verstehens von Hintergründen und Zusammenhängen. Es sind Jahre, in denen die Menschen versuchen, ihre Projekte einmal anders als sonst üblich zu lösen. Und sie bringen tatsächlich oft überraschend kreative Lösungen zustande. Es sind Jahre, in denen Technologie in den Hintergrund tritt, in dem die Wichtigkeit von „ZDF" („Zahlen – Daten – Fakten") überlagert wird von der Frage nach dem Sinn.

Es war das Schlange-Jahr 2001, in dem die ersten börsennotierten Weltkonzerne begannen, die Steuerung ihrer Unternehmen ohne groß angelegte Budgetierungsprozesse auszuprobieren, und damit eine Entwicklung einleiteten, die unsere Weltwirtschaft auf noch nicht absehbare Art und Weise positiv beeinflussen könnte.

In Schlange-Jahren gelingen revolutionäre Konzepte, wobei es durch das Ende alter Glaubenssätze allerdings auch zu unangenehmen Erscheinungen kommen kann. So wie der Geburtsschmerz in höchstem Maße schmerzhaft ist, aber zu einem beglückenden Resultat führt.

Darüber hinaus sind Schlange-Jahre aber auch Jahre, in denen die Menschen empfänglich sind, Schönheit zu empfinden und aufzugreifen – auch wenn diese Empfänglichkeit speziell unter dem Einfluss von Yang in sinnlosem Anhäufen schöner, aber unnötiger Dinge enden kann.

Im Jahr der Schlange geborene Menschen wirken auf ihre Umgebung oft rätselhaft und schwer zugänglich. Im Extremfall scheint sie ein hochnäsiges Mitglied eines elitären Zirkels zu sein, dessen hohe moralische Ansprüche vor allem für die anderen gültig sind. Im Grunde ist es aber nur ihr Streben nach Tiefe und vollständigem Verstehen, was ihre Mitmenschen irritiert.

Das Pferd als Jahresherrscher

Im Jahr des Pferdes legt das Leben an Tempo zu. Und damit nicht genug. Die Dinge entwickeln sich sprunghaft, was Pferde durchaus mögen, aber nicht unbedingt nach dem Geschmack der anderen Vertreter des Tierkreises ist.

Aber sehen wir uns die Eigenarten dieses Jahres an, indem wir einen genaueren Blick auf seinen Vertreter werfen. In

Pferden paaren sich Kraft mit Nervosität und Eleganz mit Ungeduld. Banalitäten oder Altvertrautes haben in Pferd-Jahren keinen Platz. Vielmehr geht es um das Erobern neuer Horizonte und das Erschließen fetter Weiden.

Wer in einem solchen Jahr auf Beständigkeit hofft, setzt eindeutig auf das falsche Pferd. Aber auch Zielstrebigkeit und Konsequenz sind in Pferd-Jahren eher selten anzutreffen. Viel größere Aussichten auf Erfolg haben dagegen spontane Dinge, die durchaus ein wenig den Charakter von Hauruck-Aktionen annehmen können. Langweilig wird es einem in einem Pferd-Jahr jedenfalls kaum.

Daher sind Pferd-Jahre auch nicht ideal, um langfristige Bindungen zu besiegeln. Das Pferd mag Gesellschaft, es ist schließlich ein Herdentier. Es bevorzugt aber das Spiel in der Gruppe deutlich mehr als die Arbeit im Zweiergespann. Und steht der Spaß nicht mehr im Mittelpunkt, dann ist es auch schnell wieder davongaloppiert.

In Pferd-Jahren darf man der Sprungkraft und der Tapferkeit vertrauen, die ein Pferd entwickeln kann, um überraschend auftauchende Hürden zu überwinden und Gefahren abzuwehren. Gleichzeitig sollte man sich in Acht nehmen, nicht plötzlich alleine dazustehen, wenn die Aufgaben zu anstrengend und die Herausforderungen zu schwierig werden.

In einem Jahr des Pferdes Geborene haben in aller Regel das Herz am rechten Fleck und verbreiten eine positive Stimmung. Sie stehen gerne im Mittelpunkt des Interesses, scheuen aber auch nicht davor zurück, zuzupacken, wenn es notwendig erscheint. Im Grunde kann nichts und niemand ihre gute Laune erschüttern. Mit einer Ausnahme: Wehe, die Dinge beginnen sie zu langweilen. Dann machen sie sich, eh man sich's versieht, vom Acker.

Die Ziege als Jahresherrscher

Das Jahr der Ziege ist vor allem eines: ein Jahr, das von allen guten Willen verlangt. Im Grunde ist die Ziege ein friedliebender Zeitgenosse, der Konfrontationen grundsätzlich aus dem Weg geht.

Aber wehe, etwas geht nicht so, wie sie sich das vorstellt. Dann kann sie nämlich ganz schön zickig werden und mit Hörnern, Zähnen und Hufen ihren Willen durchsetzen. Das führt dann oft zu Missverständnissen, weil die Menschen nicht mehr den grundsätzlichen Wunsch nach Frieden sehen, sondern nur noch die aggressive Art der Durchsetzung.

In Ziege-Jahren tut man daher gut daran, sich bei allem, was man unternimmt, zu fragen, welche Auswirkungen dies auf das Miteinander hat. Denn in diesen Phasen legen die Menschen nicht nur großen Wert auf Frieden und Harmonie, sie sind auch bereit, darum zu kämpfen.

Vor allem Dinge, die dem sozialen Ausgleich dienen, haben daher in Jahren der Ziege große Aussichten auf Gelingen. Ansonsten sollte man sich auf Dinge verlegen, die man alleine fertigbringt, ohne dass andere einem dabei in die Quere kommen können. Ist eine Zusammenarbeit für ein Vorhaben dagegen unumgänglich, dann beschränkt man sich besser darauf, die Ideen der anderen umzusetzen, als selbst aktiv zu werden. Darin liegt deutlich weniger Konfliktpotenzial.

Großen Reichtum oder Karriereschübe bringen Ziege-Jahre in aller Regel nicht. Auch zum Heiraten gibt es mit Sicherheit bessere Jahre. Dagegen existiert eine reelle Chance, mit etwas Anpassungsbereitschaft Erfolge für sich verbuchen zu können. Gleichzeitig sollte man aber darauf achten, dass diese Anpassungsbereitschaft nicht zum Verlust des eigenen Profils führt.

Ziege-Geborene sind jedenfalls deutlich weniger ängstlich und schüchtern, als dies oft behauptet wird. Sie legen großen Wert auf gute Manieren und einen korrekten Umgang, zeigen ab und zu aber auch überraschend exzentrische Seiten. Im Grunde sind sie jedoch artige Wesen, die brav ausführen, was man von ihnen erwartet. Man tut allerdings gut daran, Hörner und Hufe einer Ziege gut zu beobachten, damit man schnell genug ausweichen kann, wenn man den Bogen überspannt hat.

Der Affe als Jahresherrscher

Nach dem doch etwas anstrengenden Jahr der Ziege tut die neue Lockerheit unter dem Jahresregenten Affen richtig gut. Das Leben zeigt sich wieder von seiner angenehmen Seite. Im Jahr des Affen geht es gesellig und fröhlich zu, da ist zumindest die Chance recht groß, dass einem so schnell nicht langweilig wird.

Affe-Jahre bergen oft ein wahres Feuerwerk an nebeneinander-, übereinander- und durcheinanderlaufenden Projekten. Mit Ideenreichtum und Flexibilität hat man da gute Karten, auf seine Kosten zu kommen. Nur allzu ernst nehmen sollte man die Dinge nicht, mit denen einen das Affe-Jahr konfrontiert. Und nicht zu sehr auf Regeln beharren. Wer die Dinge neugierig begrüßt und mit einer gewissen Sorglosigkeit behandelt, wird dagegen kaum ernste Probleme bekommen.

In beruflicher Hinsicht sind Affe-Jahre oft Zeiten, in denen man andere gut für die eigenen Ziele einspannen kann –

sofern man nicht von ihnen eingespannt wird. Wogegen grundsätzlich nichts einzuwenden ist, denn bekanntlich wäscht ja eine Hand die andere.

In Affe-Jahren sollte man allerdings nicht zu sehr auf Handschlagqualitäten vertrauen. Die haben in diesem Jahr recht wenig Gewicht. Zudem treten darüber hinaus eine gewisse Oberflächlichkeit und Selbstverliebtheit auf den Plan. Die Frage nach dem Sein hinter dem Schein kann gerade in vom Affen regierten Jahren nichts schaden.

Im Jahr des Affen Geborene sind vielseitige, neugierige und ideenreiche Menschen, denen kaum etwas so schwer fällt wie still zu sitzen. Ihr größtes Problem besteht darin, dass das Leben viel zu kurz ist, um alles ausprobieren zu können.

Ihr größter Fehler liegt in dem Umstand begründet, dass Dichtung und Wahrheit bei ihnen manchmal etwas durcheinandergehen. Das passiert oft noch nicht einmal mit böser Absicht. Schließlich wollen sie ihr Gegenüber auf keinen Fall langweilen.

Der Hahn als Jahresherrscher

Das Jahr des Hahnes ist zwar kein solches Glücksjahr wie das des Drachen, in dem wirtschaftliche Dinge einfach gelingen müssen. Doch wer seine Finanzen sanieren muss, kann dies unter der Jahresregentschaft des Hahns durchaus probieren: und zwar mit größter Sparsamkeit.

Der Hahn gilt zwar als stolz und eitel, seine Finanzen hat er aber durchaus im Griff. Das kommt von der Übersicht, die sich nicht nur im Hühnerstall, sondern auch im täglichen Leben unter seiner Herrschaft einstellt.

Darüber hinaus sind Jahre des Hahns ungemein gut geeignet für alles, was Genauigkeit bis hin zu einer gewissen Pedanterie erfordert. Die Qualitäten des Hahns sind Ordnung – auch die der Gedanken –, Intelligenz und Zielstrebigkeit. Dadurch lassen sich in diesen Jahren Fehlentwicklungen mit Hilfe von Logik und Intellekt korrigieren; ganz nach dem Motto „Schluss mit lustig".

Die vom Hahn verkörperte Ordnung lässt sich aber nicht nur beruflich oder in der Politik nutzen, sondern ebenso gut im Privatleben. Daher wird eine Ehe, die unter Bedacht im Jahr des Hahns geschlossen wurde und sich an einer gewissen Ordnung zwischen den Partnern orientiert, sehr erfolgreich verlaufen, auch wenn der Hahn selbst eher als schwieriger Partner gilt.

Insgesamt sollte man in Jahren des Hahns sorgfältig darauf achten, dass aus Selbstbewusstsein keine Überheblichkeit wird. Zudem besteht die Gefahr, sich in den Fantasiewelten des eigenen Erfolgs zu verlieren.

Im Zeichen des Hahns Geborene sind stolze, selbstbewusste Menschen, die um ihre Intelligenz wissen und dabei die Neigung entwickeln, sich eine Spur zu stark aufzublasen.

Sollten Sie an ein solches Exemplar geraten, können Sie bei ihm ganz leicht die überschüssige Luft rauslassen: Loben Sie den Hahn für das, was er kann, und für das, was er ist. Fühlt er sich von seiner Umgebung geschätzt, legt er nämlich sein aufgeplustertes Ego auch ganz schnell wieder ab und ist sogar gerne bereit, anderen den Vortritt zu lassen.

Der Hund als Jahresherrscher

Die Ordnung, die im Jahr des Hahns hoffentlich Einzug gehalten hat, erhält im Jahr des Hundes noch einmal eine ganz besondere Gestalt: Sie wird um den Aspekt der Gerechtigkeit ergänzt und umgeformt.

Damit sind Hund-Jahre in aller Regel sehr spannende Jahre, in denen die Chancen gut stehen, dass positive Entwicklungen eine Fortsetzung erfahren. Allerdings können nicht alle Tierzeichen dieses Jahr gleich gut nutzen. Für Büffel stehen die Zeichen aber besonders günstig und Ratten, Tiger, Hasen, Hähne und Hunde profitieren ebenfalls sehr.

Grundsätzlich gilt: Wenn es seit Längerem etwas gibt, das im Sinne der Gerechtigkeit auszugleichen ist, dann sollten Sie es in diesem Jahr versuchen. Sei es, dass eine bereits endlos anstehende Beförderung nun tatsächlich stattfindet, sei es, dass eine alte (moralische oder finanzielle) Schuld beglichen oder die Auswirkungen eines fehlerhaften Verhaltens aus der Welt geschafft werden.

Doch ähnlich wie die Friedensliebe der Ziege ist auch das Gerechtigkeitsempfinden des Hundes nicht ohne Schatten. Denn Gerechtigkeit ist nun einmal keine objektive Angelegenheit, die jeder gleich empfindet. Und so verbeißen sich viele Menschen gerade im Jahr des Hundes oft in eine Idee und werden zu selbstgerechten Rächern, die mehr Schaden anrichten, als sie Gutes tun.

In Hund-Jahren besteht die Gefahr, dass aus dem Bedürfnis nach Loyalität Kontrollsucht wird und Prinzipientreue zu Besserwisserei mutiert. Zudem kann die Bereitschaft zur Gefolgschaft in Unterwürfigkeit enden.

Im Zeichen des Hundes geborene Menschen sind aufrichtig, treu und loyal. Selten erheben sie einen Führungsanspruch, haben allerdings hohe Verhaltensmaßstäbe, die sie an sich und andere anlegen. Da der Hund in aller Regel jedoch eine angenehme, ruhige Ausstrahlung besitzt, ist er bei vielen beliebt.

Das Schwein als Jahresherrscher

Im Jahr des Schweins ist Ehrlichkeit angesagt. In diesem Jahr wird weder getrickst noch betrogen. „Was es hat, das wiegt es" ist das Motto dieses Jahres und daher geht es in dieser Zeit um nichts anderes als um ehrliche Arbeit.

Wohlgemerkt: um ehrliche Arbeit – nicht unbedingt um harte. Vom Schwein regierte Jahre sind daher auch bestens dazu geeignet, bereits erarbeitete Erfolge zu konsolidieren und ihnen damit so etwas wie eine nachhaltige Wirkung zu verleihen.

Wer es in seinem Umfeld mit Intriganten oder Betrügern zu tun hat, der bekommt im Jahr des Schweins gute Chancen, diese Menschen auflaufen zu lassen. Selbst sollte man keinesfalls zur List greifen, was beispielsweise Ratten gar nicht so leicht fällt. Da das Schwein Konversation liebt, stehen in den von ihm regierten Jahren auch die Chancen ähnlich gut wie in Hase-Jahren, lang andauernde Konflikte durch Gespräche aus der Welt zu schaffen.

Der wohlmöglich einzige Wermutstropfen im Schwein-Jahr liegt in der Tatsache begründet, dass Emotionen relativ dicht unter der Oberfläche ruhen. Mit dem einen oder anderen Zornesausbruch muss man also trotz aller Harmoniebereitschaft rechnen. Das liegt letztlich an der Offenheit und Gradlinigkeit, die mit dem Schwein ins tägliche Leben Einzug halten.

In Schwein-Jahren sollte man zusätzlich darauf achten, nicht zu viel von sich preiszugeben, weil die Gesprächsbereitschaft der Mitmenschen ab und zu in Tratscherei ausartet. Außerdem ist zu beachten, dass die Einsatzbereitschaft für die Allgemeinheit nicht in einer Opferrolle endet und man auf dem Altar der Nächstenliebe geschlachtet wird.

Im Jahr des Schweins geborene Menschen sind gradlinig und ehrlich. Sie arbeiten hart, denn ein gewisser Wohlstand ist ihnen wichtig. Gleichzeitig sind sie aber auch sehr freizügig, weil sie andere gerne an ihrem Besitz teilhaben lassen.

Obwohl Schweine sehr kommunikativ sind, scheuen sie oft Diskussionen. In ihnen fühlen sie sich erstaunlich hilflos und verletzlich.

Die Monatsregenten

Nicht allein die Jahre, auch die Monate werden den zwölf Tieren des chinesischen Tierkreises zugeordnet.

Die Reihenfolge der Tiere, die den jeweiligen Monat beherrschen, ist die gleiche wie die der Jahresregenten. Der Reigen startet zum Zeitpunkt der Wintersonnenwende mitten im 11. Monat, dem Monat der Ratte. Von diesem Zeitpunkt aus wird auch das chinesische Neujahrsfest berechnet (siehe oben Seite 37). Und wie das chinesische Neujahrsfest liegt auch der Beginn des ersten Monats im Frühling:

Berechnet werden die Monatsregenten allerdings nicht nach dem Linisolarkalender wie das chinesische Neujahrsfest, sondern nach dem traditionellen chinesischen Bauernkalen-

Tabelle 6: Chinesischer Monatsregent und europäische Tierkreiszeichen		
Monatsregent	Datum	Überschneidung mit dem europäischen Tierkreis
Ratte	07. 12. bis 05. 01.	Schütze/Steinbock
Büffel	06. 01. bis 03. 02.	Steinbock/Wassermann
Tiger	04. 02. bis 04. 03.	Wassermann/Fische
Hase	05. 03. bis 04. 04.	Fische/Widder
Drache	05. 04. bis 05. 05.	Widder/Stier
Schlange	06. 05. bis 05. 06.	Stier/Zwillinge
Pferd	06. 06. bis 06. 07.	Zwillinge/Krebs
Ziege	07. 07. bis 06. 08.	Krebs/Löwe
Affe	07. 08. bis 07. 09.	Löwe/Jungfrau
Hahn	08. 09. bis 07. 10.	Jungfrau/Waage
Hund	08. 10. bis 06. 11.	Waage/Skorpion
Schwein	07. 11. bis 06. 12.	Skorpion/Schütze

der. Als erster Monat gilt der Monat des Tigers, der am 4., manchmal auch 5. Februar im chinesischen Bauernkalender beginnt, also mit dem Frühlingsanfang (siehe Tabelle 4 ab Seite 35).

Es bietet sich an, nun eine Gegenüberstellung von westlichen mit chinesischen Tierkreiszeichen zu versuchen, wie in Tabelle 6 vorgenommen. Diese ist jedoch nur bedingt sinnvoll. Denn erstens bestehen zeitliche Abweichungen von ziemlich genau einem halben Monat (und wir hätten gewisse Schwierigkeiten damit, zu begründen, warum zwischen Vertretern eines einzigen europäischen Tierkreiszeichens [zum Beispiel des Wassermanns] so große Unterschiede bestehen sollten wie zwischen zwei chinesischen Monatsregenten [in unserem Beispiel Büffel und Tiger]), und zweitens kann diese Parallelisierung nur auf jener Ebene erfolgen, auf der die chinesischen

Tierkreiszeichen als Monatsregenten wirksam werden – auf der Ebene der Lernaufgaben. Das lässt sich aber kaum mit dem Verständnis des Sonnenzeichens in der westlichen Astrologie verbinden, wo die Frage, ob wir Schütze oder Zwillinge sind, unsere mitgebrachte Handlungsanweisung bestimmt.

Die Wirksamkeit des Monatsregenten ist jener des Jahresregenten im chinesischen Horoskop deutlich untergeordnet. Er modifiziert nach chinesischer Vorstellung den Einfluss des Jahresregenten und färbt vor allem die Ausrichtung des Willens und die Lernaufgaben des Menschen.

Daher ist es keine einfache Wiederholung der oben beschriebenen Auswirkungen der Jahresregenten, wenn im Folgenden die Art und Weise zusammengefasst wird, in der die zwölf Tiere als Monatsregenten auf die in ihrem Herrschaftszeitraum geborenen Menschen einwirken. Den gleichen Einfluss üben sie auf einer etwas anderen Ebene auch auf Ereignisse und deren Entwicklung aus, die in der Zeit ihrer Herrschaft stattfinden – und auf dieser Basis bestimmen chinesische Astrologen für wichtige Ereignisse den richtigen Zeitpunkt.

Im Monat der Ratte

Die Ratte unterstützt aktives Streben und ehrgeizige Ziele. Gefühle treten bei Menschen, die in einem Ratte-Monat geboren sind, eher in den Hintergrund, während Willenskraft und Intellekt eine wichtige Rolle spielen. Diese Energie mag bei manchen Charakteren eine willkommene Ergänzung sein, die ihnen das Rückgrat stärken kann. Bei Ratten zum Beispiel ist sie jedoch eher gefährlich, denn es verschärft ihre Tendenz, sich emotional abzukapseln.

Im Monat des Büffels

Der Büffel verleiht den Menschen, die in seinem Monat geboren sind, Beständigkeit und Durchsetzungsvermögen und dazu die Kraft, zu ihren eigenen Ideen und persönlichen Zielen zu stehen. Das kann labilen Charakteren guttun, bei anderen führt es zu Anflügen von Herrschsucht oder auch Starrsinn. Wichtig ist für Menschen, die im Monat des Büffels geboren sind, dass sie sich bemühen, auch seelische Belange ernst zu nehmen.

Im Monat des Tigers

Unter Tiger-Einfluss kommt das Gefühl stärker zum Tragen und wird insbesondere mit dem Verstand verbunden. Herzlichkeit und Wärme ist die Folge, Rücksichtnahme auf die Gefühle anderer wird verstärkt. Menschen, die in einem Tiger-Monat geboren sind, sollten darauf achten, dass sie nicht zu subjektiv urteilen und handeln.

Im Monat des Hasen

Auch den Menschen, die in seinem Monat geboren sind, verleiht der Hase ein ausgeprägtes Harmoniestreben. Das wirkt sich bei vielen positiv aus, und sie sind meist fähig, sehr gut mit anderen Menschen umzugehen.

Bei eher zurückhaltenden Charakteren kann es dazu führen, dass ihr Harmoniebedürfnis in störender Weise die Oberhand gewinnt. Diese Menschen sollten ab und zu daran denken, dass andere sehr gern einmal streiten, um eine Sache ein für allemal zu klären und aus der Welt zu schaffen und einfach die Atmosphäre zu reinigen.

Im Monat des Drachen

Der Drache verleiht den Menschen, die in seinem Monat geboren sind, Erfindungsgeist und Originalität. Wenn sie darauf achten, diese Fähigkeit zum Positiven einzusetzen und nicht nur für egoistische Ziele, können sie die Welt durch diese Gabe nur bereichern.

Im Monat der Schlange

Willenskraft und Stärke sind die Attribute der in einem Schlangen-Monat Geborenen. Und je nach ihrem Grundcharakter kann das den Menschen sehr guttun oder auch eine eigene Tendenz zu Starrsinn verstärken. Alle sollten sich darauf beschränken, diese Willenskraft zum Kehren vor der eigenen Tür einzusetzen und mit ihrer Stärke die eigenen Schwächen, nicht aber die Freiheit ihres Gegenübers zu bekämpfen.

Im Monat des Pferdes

Die Abenteuerlust des Pferdes wirkt sich bei Menschen, die in einem von ihm beherrschten Monat geboren sind, dahingehend aus, dass sie mutig und freudig an ihre Aufgaben herangehen – und sie natürlich auch viel leichter als andere bewältigen. Wenn sie nicht vergessen, diese Fähigkeit auch zum Arbeiten an ihrer eigenen geistig-seelischen Entwicklung einzusetzen, kann nicht viel schief gehen.

Im Monat der Ziege

In einem Monat der Ziege Geborene besitzen meist einen praktischen Sinn für das Machbare. Diese Eigenschaft bewahrt sie vor allzu waghalsigen geistigen Höhenflügen, bei denen sie den praktischen Bezug ihres Tun aus den Augen verlieren. Ihre theoretischen Erkenntnisse sollten diese Menschen allerdings nicht für sich behalten, sondern in die Praxis umsetzen – zum Wohle aller.

Im Monat des Affen

Menschen, die in einem Affen-Monat geboren sind, sind meist von Wissensdurst und Streben nach Erkenntnis gekennzeichnet. Die Neugier des Affen kommt hier also positiv zum Tragen, kann aber bei Affen und Schweinen zu Übertreibungen führen. Solange sie aber auch die Erkenntnis des eigenen Wesens zum Ziel hat, ist kein anderer verletzt.

Im Monat des Hahns

In einem Hahn-Monat Geborene besitzen einen klaren analytischen Verstand und sind daher in der Lage, komplexe Probleme gründlich und gewissenhaft zu analysieren. Beim Zusammenfügen der einzelnen Ergebnisse haben sie schon eher Schwierigkeiten.

Wenn sie mit dem Analysieren bei sich selbst anfangen und ganzheitliches Denken nicht vergessen, können sie anderen wertvolle Hilfe leisten.

Im Monat des Hundes

„Der Klügere gibt nach", das ist das Motto der Menschen, die in einem Hunde-Monat geboren sind. Auch wenn es ihnen schwerfällt, so sollten sie dabei nicht vor lauter Nachgeben wichtige eigene Belange aus den Augen verlieren, sondern sich selbst treu bleiben.

Im Monat des Schweins

Wer in einem Schwein-Monat geboren wurde, dem ist Wahrheitsstreben und Aufrichtigkeit bei der Erkenntnis selbstverständlich. Wichtig ist, dass diese Menschen die Grenze zwischen Wahrheit und Neugier nicht überschreiten, um nicht als taktlos zu gelten.

Die Stundenregenten

So wie sich der Zyklus des Tierkreises durch zwölf Jahre dreht, und so wie er seine Entsprechung in den zwölf Monaten eines Jahres findet, so dreht er sich auch durch den Tag, wobei jeweils zwei Stunden des Tages von einem Tier regiert werden.

Tabelle 7: Die chinesischen Stundenregenten

Ratte	23.00 bis 0.59 Uhr
Büffel	1.00 bis 2.59 Uhr
Tiger	3.00 bis 4.59 Uhr
Hase	5.00 bis 6.59 Uhr
Drache	7.00 bis 8.59 Uhr
Schlange	9.00 bis 10.59 Uhr
Pferd	11.00 bis 12.59 Uhr
Ziege	13.00 bis 14.59 Uhr
Affe	15.00 bis 16.59 Uhr
Hahn	17.00 bis 18.59 Uhr
Hund	19.00 bis 20.59 Uhr
Schwein	21.00 bis 22.59 Uhr

Alle Zeitangaben in MEZ.

Der Regent der Geburtsstunde modifiziert wiederum den Jahresregenten und den Monatsregenten. Während der Jahresregent die grundsätzliche Ausprägung des Charakters und der Monatsregent die Ausrichtung des Willens prägt, so bringt der Stundenregent über die Geburtsstunde die Ausrichtung der Gefühle ins Spiel.

Diese Uhrzeiten in Tabelle 7 gelten für die mitteleuropäische Zeit. Rechnen Sie also gegebenenfalls erst von der Sommerzeit auf Winterzeit zurück, ehe Sie Ihre Geburtsstunde in der Tabelle aufsuchen.

In der Stunde der Ratte

Ästhetisches Feingefühl zwischen Luxus und gutem Geschmack – das spiegelt den Einfluss der Ratte auf diejenigen, die in ihrer Doppelstunde geboren sind. Was daraus wird, hängt ganz von den allgemeinen Anlagen ab. Möglicherweise wird es teuer, möglicherweise wird es auch maßlos, aber sicher nicht abstoßend.

In der Stunde des Büffels

Innere Ruhe zwischen Starrsinn und Gelassenheit – so könnte man den Einfluss des Büffels auf all die bezeichnen, die in seiner Doppelstunde geboren sind. Flatterhaften Wesen tut das sehr gut, bei Büffeln ist es möglicherweise zu viel des Guten. Hektisches Hin- und Herschwanken ist nicht angesagt.

In der Stunde des Tigers

Spirituelle Tiefe zwischen Religion und Metaphysik – der Tiger sorgt bei den in seiner Doppelstunde Geborenen für ein aktives Seelenleben. Oberflächlichkeit ist hier kein Thema – im Gegenteil!

In der Stunde des Hasen

Soziale Intelligenz zwischen Kommunikationsfähigkeit und Harmoniebedürfnis – unter dem Einfluss des Hasen werden zwischen 5 und 7 Uhr morgens Geborene eher auf andere zugehen als sich abkapseln, eher das Gefühl haben, dass Brücken bessere Verbindungen zwischen Menschen und Ansichten schaffen als Raketen.

In der Stunde des Drachen

Machtbewusstsein zwischen Selbstvertrauen und Herrschaftsanspruch – es kommt ganz auf die allgemeinen Anlagen an, wie sich der Einfluss des Drachen auf das Gefühlsleben der in seiner Doppelstunde Geborenen äußert. Zaghaft in der Ecke stehen und ihr Licht unter den Scheffel stellen werden sie vermutlich nicht.

In der Stunde der Schlange

Künstlerisches Empfinden zwischen tieferer Weltsicht und Ästhetik – eine Schlange mag es kompliziert, und auch die in ihrer Zeit am Vormittag Geborenen sehen die Welt nicht einfach mit den Augen des platten Materialisten. Zusammenhänge und Strukturen zu erkennen und zu berücksichtigen, ist ihnen ein Leichtes – sehr zur Verblüffung anderer.

In der Stunde des Pferdes

Selbstkontrolle zwischen Begeisterung und Beherrschung – das Pferd gibt den in seiner Doppelstunde Geborenen den dosierten Umgang mit der eigenen Energie mit auf den Weg. Und das kann auch zu positivem Überschwang führen. Keine Zeit für unentschiedene Langeweiler.

In der Stunde der Ziege

Liebe zwischen Selbstaufgabe und Happy End – Oberflächlichkeit und Desinteresse ist bei denen, die in der Doppelstunde der Ziege geboren sind, nicht angesagt. Eher schon persönliche Betroffenheit durch Mitleiden beim Umgang mit anderen.

In der Stunde des Affen

Unruhe zwischen Neugier und Interesse – wer zwischen 3 und 5 Uhr nachmittags geboren ist, der geht offen an die Welt heran. Teilnahmslos in der Ecke sitzen und die Dinge passiv auf sich zukommen zu lassen, ist nicht seins – eher verbrennt er sich einmal die Finger.

In der Stunde des Hahns

Selbsterkenntnis zwischen Egozentrik und Analyse – der Hahn sorgt bei denen, die in seiner Doppelstunde geboren sind, für das Streben nach einem scharfen, präzisen Selbst- und Weltbild. Verschmutzte Objektive gibt es hier selten, eher schon den klassischen Sprachfehler: Das einzige bekannte persönliche Fürwort ist „Ich".

In der Stunde des Hundes

Sensibilität zwischen Zuhören und Treue – in der Doppelstunde des Hundes Geborene gehen mit offenen Ohren durch die Welt und an ihre Umgebung heran. Oberflächliche Ignoranten finden sich in dieser Gruppe nicht, eher schon hingebungsvolle Anhängsel.

In der Stunde des Schweins

Daseinsfreude zwischen Toleranz und Neustart – wer in der Doppelstunde des Schweins geboren ist, fällt immer wieder auf die Füße und versucht mit neuem Optimismus, seinen Platz in der Welt zu finden. Schwein-Stunden sind keine Zeit für missmutige Sauertöpfe.

Die Harmonie der Elemente

In unserem hellenistisch-europäischen Kulturkreis beherrschen vier Elemente das Denken und die Symbolik der Alchemisten: Feuer, Wasser, Erde und Luft. Diese Vierzahl ist in unserer Kultur so stark verankert, dass die Vier zum Symbol der physischen Welt schlechthin wurde (im Unterschied zur Drei, die für die Dreieinigkeit und damit die Welt der Gottheit steht). Es gibt vier Tageszeiten, vier Jahreszeiten, vier Himmelsrichtungen und so weiter und wir können uns kaum etwas anderes vorstellen.

In der chinesischen Kultur spielt die Fünfzahl eine ähnlich große Rolle wie bei uns die Vier: Es gibt fünf Richtungen (Nord, Süd, Ost, West, Mitte), fünf Töne (denken Sie an die Musik der Pentatonik), fünf Geschmacksrichtungen (süß, sauer, salzig, bitter, scharf) und so weiter.

Nach chinesischer Lehre gibt es folglich auch fünf Elemente: Wasser, Holz, Feuer, Erde und Metall. Von deren ursprünglichem Zusammenhang mit den fünf Planeten Venus, Mars, Jupiter, Saturn und Merkur war bereits die Rede.

Diese fünf Elemente beherrschen die Mondjahre, und zwar

jedes immer zwei aufeinanderfolgende Jahre lang, zunächst in einer Yang-Ausprägung, dann in einer Yin-Ausprägung. So kommt es nur alle 60 Jahre zu einer genau gleichen Kombination von Element und Tier.

Dieser 60-Jahres-Zyklus entspricht einem Lebensalter oder zwei Generationen. Und dies deckt sich durchaus mit unserer westlichen Erfahrung, dass Begabungen häufig eine Generation überspringen. Oft heißt es, jemand habe diesen oder jenen Charakterzug von seinem Großvater geerbt, oder ein Mädchen sei seiner Großmutter viel ähnlicher als seiner Mutter.

Versucht man nun zu verstehen, wie die Elemente auf das Wesen der Menschen wirken, so darf man nicht vom Bild des großen Suppentopfes ausgehen, in welchem mit einer großen Portion Ratte, einem Esslöffel Feuer, einem Teelöffel Ziege und einer Prise Hund ein Ganzes gebraut wird. Nicht additiv wirken die Elemente auf die das Jahr regierenden Tierkreiszeichen, sondern modifizierend, also mildernd oder verstärkend, je nachdem, welche Eigenschaften das Tier „vorgibt".

Die Geradlinigkeit eines Schweins wird also durch das Element Erde, das Beständigkeit verleiht, zu besonders großer Charakterfestigkeit verstärkt, auf die Beständigkeit des Büffels hingegen kann sich der Einfluss des Elements Erde in Form von Sturheit niederschlagen. Und vielleicht erklärt ja das Element, warum sich ein 1933 geborener (Wasser-)Hahn bei allen Gemeinsamkeiten so stark von seinem 1957 geborenen (Feuer-)Hahnenkind unterscheidet.

Metall

Symbol für Vergänglichkeit

Unter Metall-Einfluss geborene Menschen sind stark und charakterfest, haben klare Ziele und sind in der Lage, höchste Energien zu mobilisieren, um diese zu erreichen. Positiver Metall-Einfluss macht sich in Form von Energie, Strebsamkeit und Ausdauer bemerkbar, negativer Metall-Einfluss führt zu Starrheit beim Festhalten an gewonnenen Erkenntnissen, möglicherweise auch zu übertriebenem Machtstreben. Unter zu großer Belastung bricht Metall aber leicht.

Legt man nun noch den Yin-Yang-Rhythmus über die Eigenschaften des Metalls, dann erkennt man unter dem Vorzeichen Yang das Metall, das Materie zu durchtrennen in der Lage ist. Unter dem Vorzeichen Yin verliert es seine Struktur und zerfällt so, als würde es verrosten.

Das heißt nun aber nicht, dass Yang immer positiv ist, während Yin immer negativ wirkt. Eine frisch geschliffene Pflugschar (Yang) zerpflügt den Boden und schafft Voraussetzungen für neues Leben, was zweifellos positiv ist. Als Waffe verwendet, spaltet das Metall unter dem gleichen Prinzip des Yang auch Körper und bringt damit den Tod.

Eine alte, verrostete Pflugschar (Yin) zerbricht, sobald sie auf einen Stein trifft. Das klingt nicht gerade positiv. Aber was passiert danach? Die Metallstücke zerfallen unter dem Einfluss von Rost gänzlich, wodurch der Erde die ihr ursprünglich entzogenen Minerale wiedergegeben werden und damit der ewige Zyklus von Geburt und Tod neu beginnt. Man sieht, es kommt immer auf den Standpunkt an, ob etwas positiv oder negativ wirkt. Und das ist ja die Kernbotschaft fernöstlicher Philosophie: Die Polarität von Tod und Leben beschreibt zwei Seiten eines Umstandes, der den ewigen Zyklus von Geburt, Tod und Wiedergeburt erst möglich macht.

Unter Metall-Einfluss Geborene sollten daran denken, dass Metall zu Pflugscharen, aber auch zu Schwertern geschmiedet werden kann.

Wasser

Symbol für Nachgiebigkeit, die formt

Wasser ist das passive Element, das sich in aller Regel ruhig in seinem Bett bewegt und Hindernissen aus dem Weg geht, indem es sie locker umfließt. Gleichzeitig ist Wasser aber auch die mächtigste formende Kraft dieser Erde. Auch der härteste Stein kann sich durch die Jahrtausende hindurch nicht der gleichförmigen, formenden Kraft des Wassers entziehen. Und tritt es einmal aus seinen Ufern, dann beseitigt es auch innerhalb kürzester Zeit jedes Hindernis, das sich ihm in den Weg stellt.

Wasser ist der Inbegriff des Lebens. Ohne Wasser verdörrt die Erde, ohne Wasser nimmt das Metall nicht die gewünschte Form und Härte an. Es begrenzt sogar die vernichtende Kraft des Feuers.

Wasser in seiner Yang-Ausprägung fördert die Fruchtbarkeit der Erde und formt auf seine sanfte Art die Umgebung, es reißt aber auch Hindernisse nieder und bahnt sich eigensinnig seinen Weg. Wasser in der Yin-Form verbindet sich mit der Erde zu Morast, in dem alles versinkt. Aber auch aus diesem Morast entsteht am Ende wieder neues Leben, in dem er Bakterien nährt und wie der Nilschlamm Fruchtbarkeit in neue Gegenden transportiert.

Wasser verleiht demjenigen, der unter seinem Einfluss steht, Selbstvertrauen und innere Ruhe, aus der Kraft entsteht. Die Folgen sind verbesserte Kommunikation und ein gutes Gespür für die Natur und den Lauf der Dinge. Wer unter Wasser-Einfluss geboren ist, sollte allerdings daran denken, dass es gefährlich ist, sich nur treiben zu lassen – Stromschnellen tun dann besonders weh.

Holz

木

Symbol für Wachstum und Leben.

Holz tritt in so vielen verschiedenen Formen auf: als Baum mit Ästen und Wurzeln, als Baumaterial und als Nahrung für das Feuer. Holz schenkt uns durch den Stoffwechsel des Baumes die Luft zum Atmen. Es gibt uns gemeinsam mit dem Feuer Wärme und schenkt uns ein Dach über dem Kopf und den Tieren in der Natur einen Unterschlupf. Es schützt uns vor der Hitze der Sonne und vor der Kälte des Schnees. Im Dickicht des Waldes können wir Zuflucht finden, uns aber auch verirren.

Holz in seiner Yang-Ausprägung gibt den Dingen eine Form, sei es als Bauholz, sei es als Stab eines Speeres. Als Stock schenkt es Halt. Und durch sein Wachsen fördert es das Reifen der verborgenen Kräfte im Menschen. In seiner Yin-Ausprägung wird es spröde und zerbirst oder es beginnt zu verrotten und verliert so ebenso seine Form.

Holz verstärkt Eigenschaften und Wertsetzungen, die im Unterbewusstsein des Menschen schlummern, und bildet damit den Gegenpol zu Metall, das diese Kräfte vergehen lässt, sofern sie nicht bewusst gepflegt werden.

Sein Einfluss kann dazu führen, dass Menschen im Laufe ihrer Entwicklung mehrfach ihre Ansichten und ihr Weltbild ändern. Meist aber stehen sie fest wie ein Baum in der Erde, können Ideen vermitteln und sinnvoll umsetzen. Selten stehen sie auf einsamem Posten, meist schafft ihnen ihre Überzeugungskraft Verbündete. Die Gefahr: Wenn sie die Dinge auf die Spitze treiben, überfordern sie ihre Wurzeln oder ihren Stamm – und das kann auf keinen Fall gut gehen.

Feuer

火

Symbol für Energie und Umwandlung.

Das Feuer ist das am unmittelbarsten formende Element. Es ist der Mittler zwischen den geistigen Kräften des Universums und den materiellen der Erde. Unter dem Einfluss von Feuer wird aus Eis Wasser und aus Wasser Wasserdampf. Metall verbiegt sich und wird flüssig, die Erde verglüht. Doch sind nicht die Buschbrände ein Garant für die Fruchtbarkeit der Gebiete, in denen sie stattfinden? Schaffen sie nicht die Grundlage für neues Wachstum und anhaltende Fruchtbarkeit? Viele Dinge verzehrt das Feuer, aber es wärmt auch und schenkt uns Nahrung und Sicherheit.

Feuer im Yang lässt die Dinge hell auflodern, es transformiert und reinigt, es vernichtet aber auch, wenn es zu stark entfacht wird. Feuer im Yin lässt die Nahrung besser verträglich werden, es wärmt, aber es erzeugt auch giftige Gase, die uns die Luft zum Atmen nehmen.

Genauso verwandelt oder verstärkt das aktive Element Feuer, das Symbol für Energie, auch die Eigenschaften der Menschen, die unter seinem Einfluss stehen. Es sorgt dafür, dass Entscheidungen schneller fallen, dass jemand rascher reagiert.

Der Energieschub des Feuers ist aber nicht ungefährlich. Es beschleunigt das Leben, lässt die Menschen für ihre Ideale und ihr Tun brennen – es führt letztendlich zu Burn-out, Krankheit und Tod.

Grundsätzlich sollten Feuer-Menschen sehr bewusst immer wieder den Sinn ihres Handelns hinterfragen, ehe sie in wilden Aktionismus ausbrechen. Risikobereitschaft gehört zu ihren Eigenschaften, über Traditionen setzen sie sich leicht hinweg, die Gefahr rücksichtslosen Zerstörens ist groß.

Erde

土

Symbol für Beständigkeit.

Die Erde ist unsere Mutter. Aus ihrem Staub wurden wir geschaffen und zu ihrem Staub kehren wir zurück. Erde ist der Garant für das Leben auf ihr. Sie schenkt uns die Nahrung, gibt uns und allem anderen Leben auf diesem Planenten eine Heimat. Erde im Yang lässt die Pflanzen wachsen und ernährt nicht nur sie, sondern damit auch uns. Sie schenkt uns ihre Bodenschätze, nimmt, so gut sie kann, Wasser auf und trägt das Holz. Erde im Yang kann aber auch in Bewegung geraten, sie kann beben und unter sich alles begraben. Im Yin wird die Erde staubig und beherbergt den Tod. Im Schlamm der Erde versinken wir, bis wir uns nicht mehr rühren können, und ersticken.

Menschen, die unter dem Einfluss des Elements Erde stehen, können fruchtbare Charaktere sein, die alles um sich herum zum Blühen bringen. Sie sind pragmatisch und setzen ihre Energien sparsam, aber wirkungsvoll ein. Auf sprunghafte Charaktere hat das einen stabilisierenden Einfluss. Aber auch die Stabilität hat ihre Schattenseiten. Wirkt sie zu stark perfektioniert, erstirbt jede Bewegung. Es herrscht Stillstand, der keinen Fortschritt mehr zulässt.

Bei aller Zuverlässigkeit, Gründlichkeit und bei allem Realitätssinn sollten sich Menschen mit dem Element Erde immer wieder fragen, ob sie noch beweglich genug sind, um Spontaneität und Kreativität zulassen zu können. Denn übertriebenes Sicherheitsdenken führt letztlich zu Verbohrtheit.

Der Hund

Prinzip: aktiv, Yang
Glückszahl: 8
Farbe: Meerblau
Symbol: Freundschaft und Treue
Wesen des Hund-Jahres: Der gemeinsame Weg zu mehr Gerechtigkeit

Der Charakter

Um den Charakter des Hundes zu erfassen, sollte man sich zunächst mit der Symbolik beschäftigen. „Die Treue und Anhänglichkeit des Hundes sind sprichwörtlich, ebenso wie seine Wachsamkeit", heißt es im Symbole-Lexikon. Und weiter: „Doch mit dunklem Fell verkörpert der Hund auch negative Züge. In diesem Fall signalisiert er das Böse schlechthin. Darüber hinaus sind die Vierbeiner die symbolischen Wächter an der Schwelle zur anderen Welt, sie sind Mittler zwischen der Welt der Toten und der Lebenden."

In unserem Kulturkreis kennen wir den Hund also einerseits als treuen Gefährten des Menschen, dessen Loyalität mitunter die Form „hündischer Ergebenheit" annimmt. Von seinem Herrn lässt er sich treten und quälen, ohne aufzumucken oder seine Qual zu hinterfragen. Nur irgendwann wird es ihm zu viel und er fällt ohne Vorwarnung über seinen Peiniger her. Oder über ein anderes Opfer, das ihm in die Quere kommt.

Andererseits ist er aber auch der Höllenhund, der unsere Seelen nicht entkommen lässt, wenn die Zeit des irdischen Lebens einmal abgelaufen ist. Er bewacht die Schwelle zwischen Leben und Tod, Bewusstsein und Unterbewusstsein, geistiger Klarheit und unbewusstem, emotionalem Nebel.

Und in einer dritten Bedeutung treffen wir immer wieder auf den Hund, nämlich in der Gestalt des Spielkameraden, mit dem es sich herrlich herumtoben lässt. Aber da dies eher einen Seitenaspekt der Beziehung betrifft und kulturell in unserer nicht dem Spaß und dem Spiel verschriebenen Gesellschaft keinen Stellenwert hat, darf man sich nicht wundern, wenn dies in Beschreibungen nur sehr untergeordnet auftaucht.

Aber wie sehen die Chinesen dieses Wesen? Im Grunde nicht viel anders als wir in Europa. Für die Chinesen ist der Hund ein aufrichtiges, loyales und treues Geschöpf. Er glaubt an Gerechtigkeit und kämpft für Prinzipien. Dabei kann er auch die Züge eines „Kettenhundes" annehmen, sich in rasende Wut hineinsteigern und sich in dem, was ihm dann begegnet, verbeißen. Grundsätzlich gilt er aber als Wesen, das die Harmonie sucht und sich mit Mitgefühl und Hingabe seinen Mitmenschen nähert. Außerdem sehen die Chinesen noch einen weiteren, bei uns kaum entdeckten Wesenszug des Hundes: seine Zurückhaltung. Er wartet erst einmal ab, beobachtet interessiert das Geschehen rings um sich herum und bildet sich dabei eine Meinung. Hat er die Menschen aber erst einmal in die Rubriken „sympathisch" und „unsympathisch" eingeordnet, lässt er sich so leicht nicht wieder davon abbringen.

Der Hund ist ein Vertreter des Prinzips Yang, das heißt, es handelt sich um ein Tierkreiszeichen mit männlicher Energie.

Unter den Vertretern dieser Yang-Energie hat der Hund allerdings die am stärksten ausgeprägten weiblichen Anteile. Das äußert sich in einer bedächtigen, wohlüberlegten Fürsorge für die, die er liebt.

Dieser weibliche Anteil begegnet einem auch in der Glückszahl des Hundes, der 8. In der Numerologie ist die 8 eine weibliche Zahl, die auch als Hüterin der Schwelle betrachtet wird. Das aufgestellte Symbol der Unendlichkeit. Die 8 steht für das Unterbewusstsein, die Verwandlung, die Zeitlosigkeit und das Schicksal. Sie symbolisiert das Leben nach dem Tod, den Traum, die Existenz außerhalb von Raum und Zeit. Vor der Vollendung, dem großen Durchbruch mit der Befreiung von allen Fesseln überzieht sie das Bewusstsein noch einmal mit einem großen, alles überlagernden Nebel.

Bei allen weiblichen Qualitäten sollte man allerdings nicht übersehen, dass der Hund eben doch ein Vertreter des männlichen Prinzips ist. Das heißt, dass er im Grunde seines Wesens die Welt nach seinen Vorstellungen gestalten will und im Extremfall auch den Kampf nicht scheut. Man sollte es daher nicht übertreiben, wenn man einem Hund Dinge zumutet, die ihm gänzlich gegen den Strich gehen. Denn er ist zwar beständig in seinem Charakter, aber unberechenbar in seinen Handlungen.

Die Farbe des Hundes ist Meerblau. Mit dieser Farbe assoziieren die meisten Menschen die Ferne. Es erinnert an Urlaub, an Entspannung und an das Urvertrauen im Mutterleib. Sehnsucht, Weite und Unendlichkeit sind blau, aber auch Sympathie, Harmonie, Freundlichkeit und Freundschaft. Eben dies sind auch die Qualitäten, die Hund und Mensch zusammenführen. Und die auch der Mensch, der unter dem Jahresregenten des Hundes zur Welt kommt, ins Leben trägt. Hunde sind grundsätzlich vertrauensvolle Wesen, denen Treue und Verlässlichkeit, aber auch Stille und Entspannung wichtig sind.

Das klingt nach weiblichen Tugenden. Wäre da nicht auch noch der Jagdinstinkt, der immer wieder erwacht und sie den weiten Horizont erobern lässt. Und das ist eindeutig männlich.

Im Tierkreis ist der Hund ein ziemlich beliebter Zeitgenosse. Kein anderer Jahresregent lehnt ihn komplett ab, nur die Schlange steht ihm distanziert gegenüber. Das ist aber nicht wirklich tragisch, denn auch für den Hund ist die Schlange kein angenehmer Zeitgenosse. Echte Traumkonstellationen, bei denen beide vorbehaltlos begeistert voneinander sind, gibt es allerdings auch nicht. Aber das macht der Hund mit seiner offenen, gelassenen Grundeinstellung wieder wett.

Der Hund hat in Jahren des Drachen die meisten Probleme, zugleich macht er in diesen Jahren die meisten Entwicklungsschübe aus dem Stillstand heraus. In Jahren des extrovertierten Hahnes geht es ihm in der Liebe und bei der Partnerwahl besonders gut, in Jahren der sanften Ziege trifft er meist die richtigen Entscheidungen in beruflicher Hinsicht. Und die Ratte- und Schlange-Jahre tun seiner Seele gut. Grundsätzlich lässt sich aber der Hund von allen Zeichen am wenigsten leicht aus der Bahn werfen, und daher verläuft für ihn der Zyklus der Jahre eher ausgeglichen.

Stärken und Schwächen

Hunde sind im Grunde glückliche Wesen. Sie sind gute Beobachter, Analytiker und kreative Gestalter. Aber sie bilden sich erst eine Meinung und handeln dann. Sensibel und gefühlvoll schaffen sie es, sich in andere hineinzudenken. Dabei ist es einem typischen Hund besonders wichtig, in einem harmonischen Umfeld zu leben. Wo es ständig heiß hergeht, wird auch der Hund auf Dauer aggressiv. Geht es dagegen in seiner

Umgebung halbwegs ruhig zu, entwickelt der Hund eine angenehme, ruhige Ausstrahlung, was ihn bei vielen Menschen beliebt macht.

Im Umgang mit anderen Menschen sind Hunde zunächst optimistisch und erwarten von ihnen das gleiche Verhältnis zu Tugenden wie Vertrauen und Zuverlässigkeit, das sie selbst besitzen. Erst durch viele schlechte Erfahrungen kommt bei ihnen Misstrauen oder gar Resignation auf. Im Laufe ihres Lebens beharren sie aus diesem Grund auch immer stärker auf bewährten Überzeugungen. Positiv ausgedrückt: Wen sie einmal lieben, zu dem halten sie in unerschütterlicher Treue, selbst wenn er die sprichwörtlichen silbernen Löffel gestohlen hat. Sie suchen dann nach allen möglichen Gründen für mildernde Umstände und versuchen, ihn selbst gegen besseres Wissen in Schutz zu nehmen.

Der typische Hund ist keine ausgesprochene Führernatur, sondern viel eher ein williger, loyaler Gefolgsmann. Wo er von seinen Überzeugungen zu sehr durchdrungen ist, teilt er jovial ungewünschte, aber wohlmeinende Ratschläge aus – und erntet damit auch Missverständnisse. Im Grunde will er den anderen nicht bevormunden, sondern akzeptiert dessen Führungsanspruch sehr wohl. Er hat nur das unbedingte Bedürfnis, auf die ihm wichtigen Werte aufmerksam zu machen.

Solange Hunde ein motivierendes Ziel vor Augen haben, sind sie fleißig, zielstrebig und ausdauernd. Wen wundert es, dass sie nicht nur leistungsfähig und leistungswillig sind, sondern in aller Regel tatsächlich große Leistungen zustande bringen. Und dabei sind sie auch noch freundlich und großzügig. Ihr Gerechtigkeitssinn ist stark ausgeprägt und sie sind bereit, für ihre Moralvorstellungen zu kämpfen. Mit einem Wort, sie sind annähernd perfekt.

In aller Regel handelt es sich bei Hunden um praktisch veranlagte Visionäre, die ein konkretes, immer gültiges Lebensziel vor Augen hätten. Bei der Verfolgung ihrer Ideale gehen sie sehr strategisch vor, dabei zeigt sich ihr Organisationstalent und ihre Geschicklichkeit. Zunächst sammeln sie möglichst viele Gefährten um sich und beginnen eine Unternehmung erst dann, wenn sie alle Aspekte gründlich durchdacht haben. Wer ihnen in die Karten schauen will, wird scheitern. Sie durchschauen die Motive und Verhaltensweisen ihrer Gegenüber jedoch sehr schnell.

Doch wo viel Licht ist, da ist bekanntlich auch viel Schatten. Besonders unangenehm werden Hunde dann, wenn sie sich in fixen Ideen verbissen haben. Dann übersehen sie sogar, dass sie in ihrem Bestreben, für Gerechtigkeit zu sorgen, höchst ungerecht werden. Bemerken sie dann das Unverständnis ihrer Umgebung, zeigt sich ein Zynismus, den man beim ersten Kennenlernen nie für möglich gehalten hätte.

Im Übrigen gibt es unter den vom Leben enttäuschten Hunden auch regelrechte Angstbeißer. Aus lauter Furcht, wieder einmal enttäuscht zu werden und die angestrebte Harmonie nicht verwirklichen zu können, werden sie aggressiv und schnappen zu. Solch einen Hund im Schatten wieder ins Licht zu locken, kann ein schwieriges Unterfangen werden. Aber zum Glück passiert das nicht häufig. Und so ist der Hund alles in allem ein sehr dem Leben zugewandtes, freundliches Wesen.

Die Gesundheit

Die Gesundheit der Hunde ist meist robust. Sie benötigen vitaminreiche Kost und viel Bewegung, dann kann ihnen meist nicht viel passieren. Einige wenige Schwachstellen haben aber auch sie: So bekommen sie mit zunehmendem Alter oft

Probleme mit den Gelenken, vor allem mit dem Hüftgelenk. Außerdem neigen sie zu rheumatischen Erkrankungen. Hunde, die in der Jugend regelmäßig Freizeitsport betrieben haben, geht es diesbezüglich besser. Doch wer mit Spitzensport die Gelenke überbeansprucht oder hinter dem Schreibtisch und vor dem Fernseher jegliche Form der Bewegung vermieden hat, darf sich nicht wundern, wenn im Alter die Probleme kommen. Da viele Hunde zudem den Babyspeck nie ganz loswerden, verschärfen sie die von Natur aus gegebenen Schwachstellen noch weiter.

Und der Babyspeck kommt nicht von ungefähr. Leider haben viele Hunde eine fatale Neigung zu fettem, schwerem Essen, das sie dann auch noch ganz gerne mit einem Schnaps oder anderen Alkoholika runterspülen. Grundsätzlich vertragen sie dieses Essen auch halbwegs gut. Übertreiben sie jedoch, drohen Leberkrankheiten wie Zirrhose und Fettleber. Außerdem kauen sie schlecht, was den Verdauungstrakt zusätzlich belastet. Ein Hund, der feststellt, dass er nicht mehr so leistungsfähig ist wie früher, sollte daher als Erstes seinen Speisezettel durchforsten und auf regelmäßige Mahlzeiten achten, für die er sich ausreichend viel Zeit nimmt. Wer jeden einzelnen Bissen genießt, ist nicht nur schneller satt, sondern hat auch viel mehr Freude an dem, was er isst. Zeitung lesen oder fernsehen beim Essen ist jedenfalls ein absolutes Vergehen gegen die eigene Gesundheit und Genussfähigkeit.

Eine weitere Schwachstelle der Hunde betrifft ihre Geschlechts- und Ausscheidungsorgane. Sie fangen sich häufig Infektionen ein, leiden unter Blasen- und Harnleiterentzündungen und laborieren immer wieder an Hämorrhoiden. Auch Nasen- und Nebenhöhlenerkrankungen sind bei Hunden häufiger anzutreffen als bei anderen Vertretern des Tierkreises. Um dem entgegenzuwirken, kann man ihnen nur heftig zur Vorbeugung raten. Viel trinken – und da vor allem Kräutertees –

wechselwarm duschen und ausreichend viel Bewegung sind die beste Vorsorgemedizin. Aber das gilt im Grunde ja nicht nur für Hunde, sondern für alle Vertreter des Tierkreises.

Schließlich gibt es noch eine Gefahr bei Hunden, die im Grunde eine Folge ihrer Beharrlichkeit und ihrer hingebungsvollen Art ist: Wenn sie ihren Dienst an anderen übertreiben, kippen sie bisweilen in Abhängigkeiten, und hier ganz konkret in den Missbrauch von Drogen oder Alkohol. Wenn aber der Hund ab und zu daran denkt, sein Harmoniebedürfnis in Frage zu stellen, ganz bewusst Dampf abzulassen und nicht um eines fragwürdigen Friedens willen zu kuschen, dann wird die Flucht in Suchtmittel ganz von selbst unnötig.

Der Beruf und die Finanzen

Ein Hund hat zu seinem Beruf ein entspanntes Verhältnis. Er muss ihm Spaß machen, und es muss auf der menschlichen Ebene stimmen. Eine steile Karriere ist ihm nicht so wichtig wie Freude an der Arbeit, und meist wählt er auch tatsächlich den richtigen Beruf. Aufgrund dieses gesunden Verhältnisses zum Broterwerb verströmen die meisten Hunde keinen Stress, sondern tragen zu einer entspannten, angenehmen Arbeitsatmosphäre bei – kein Wunder, dass sie bei Kollegen und Mitarbeitern beliebt sind.

Berufe, in denen Zusammenarbeit und Umgang mit Menschen wichtig sind, machen den Hund glücklich. Das reicht vom Orchestermusiker bis zum Personalchef, vom Verkäufer bis zum Lehrer oder Kinderarzt. Dabei ist es ihnen nicht wichtig, eine bestimmte Position zu erreichen – auf der sie dann letztendlich doch ankommen, ohne sich dafür aufgerieben zu haben. In größeren Firmen werden sie allerdings selten die

Nummer eins eines Bereichs, oft dagegen die ideale Nummer zwei. Denn seine Verschwiegenheit, Loyalität und Zuverlässigkeit machen den Hund zum idealen Stellvertreter des Chefs. Außerdem besitzen sie eine hohe Begabung, strategisch zu denken, überlassen das Ausfechten der daraus resultierenden Entscheidungen aber lieber anderen. Während ihr Chef noch streitet, um eine sinnvoll erscheinende Veränderung durchzusetzen, macht sich der Hund bereits daran, sie praktisch zu organisieren. Und so sind sie sehr hilfreich, um widerstrebende Top-Manager oder Eigentümer vor vollendete Tatsachen zu stellen.

Denkbar sind sie auch als Angehörige der freien Berufe, sei es als Rechtsanwälte, sei es als Psychiater oder Informatiker. Dort entwickeln sie einen speziellen Riecher für Aufträge und Klienten, die eine eigene Herausforderung für sie bereithalten.

Für standardisierte, sich ständig wiederholende und gleichbleibende Routinetätigkeiten fern anderer Menschen sind Hunde dagegen ungeeignet, auch wenn sie über erstaunlich viel Disziplin verfügen. An solchen Arbeitsplätzen werden ihre zwischenmenschlichen Fähigkeiten einfach nicht benötigt, wodurch die Gefahr steigt, dass sie in innerer Einsamkeit versinken.

Zu Geld haben Hunde kein Verhältnis, wenn es ihr eigenes ist. Sie benutzen es als Mittel, den Augenblick zu genießen oder anderen selbstlos zu helfen. Es bedeutet ihnen nur wenig und daher rinnt es ihnen regelmäßig durch die Finger. Mit fremdem Geld dagegen sind sie äußerst penibel und korrekt. Wenn der Hund es schafft, auch auf den Umgang mit dem eigenen Geld derartige Sorgfalt zu verwenden, hätte er etliche Sorgen weniger.

Der Hund in seinen Elementen

 金

Der Metall-Hund

Der Metall-Hund (Jahrgänge 1910, 1970) ist ein besonders prinzipientreuer Vertreter der Hundefamilie. Das macht ihn einerseits sehr unflexibel, andererseits kann man sich auf ihn in besonders großem Ausmaß verlassen. Was ein Metall-Hund zusagt, das hält. Allerdings kommt in dieser speziellen Ausprägung auch der Schatten der Verbissenheit am stärksten zum Tragen. Metall-Hunde kleben an ihren Ideen wie Fliegen am Leim. Für ihr Ideal – sei es ein Projekt, eine Religionsgemeinschaft oder ein Partner – gehen sie durch dick und dünn und stellen sich ganz in den Dienst der einmal für gut erkannten Sache. Ihre Umgebung irritieren sie mit ihrer Intensität, scheint die doch oft guten Argumenten nicht mehr zugänglich zu sein. Allerdings sind Metall-Hunde in aller Regel nicht aggressiv – zumindest nicht körperlich. Sie beschränken ihren Kampf auf den mit pragmatischen Taten und Worten.

Hunde gehören im chinesischen Tierkreis zu den Vertretern des Prinzips Yang. Gepaart mit dem Element Metall ergibt sich immer der Himmelsstamm Geng, das Tierkreiszeichen heißt somit Geng-xu. Durch die spezielle Kombination aus Himmelsstamm und Tierzeichen ergibt sich ein Charakter, der beides sein kann: engstirnig und verbohrt oder engagiert und zielstrebig. Im ersten Fall wird sich der Metall-Hund letztlich selber blockieren, im zweiten wird er großartige Erfolge feiern. Nur eines wird er ganz sicher nicht: Im Mittelmaß verharren. Wer einen Metall-Hund als Partner gewinnt – sei es privat oder beruflich –, sollte ihm tunlichst produktive Ziele anbieten. Dann hat er einen Mitstreiter, der seinesgleichen sucht.

水

Der Wasser-Hund

Der Wasser-Hund (Jahrgänge 1922, 1982) ist ein vergleichsweise ruhiger Vertreter der Hund-Familie. Wie seine Brüder und Schwestern kann er sich gut in andere Menschen hineinversetzen; darüber hinaus verlässt er sich aber auch gerne auf seinen ausgezeichneten Instinkt. Gelassen wartet er auf seine Chancen, ergreift sie dann aber auch konsequent, wenn sie sich bieten.

Dabei ist dem Wasser-Hund (Ren-xu) nicht so wichtig, dass andere seiner Meinung sind oder seinen Ansichten folgen. Offen bezieht er die Positionen seiner Umgebung in seinen eigenen Weg ein und sucht sich einfach neue Mitspieler, wenn es mit den alten nicht mehr zu klappen scheint. Das macht ihn allerdings nicht zu einem unbeständigen, wechselhaften Zeitgenossen, sondern zeigt nur seine Abneigung, andere zu ihrem Glück zu zwingen. Als Psychotherapeut oder Coach ist er mit dieser Einstellung ein Glücksfall für seine Klienten, als Bewährungshelfer dagegen eine glatte Fehlbesetzung.

Wasser-Hunde haben ein glückliches Naturell. Sie nehmen sich in aller Regel Zeit zum Spielen und genießen das Leben auch abseits der Arbeit. Als Partner sind sie gefühlvoll und tolerant, sie benötigen allerdings durchaus ein wenig Freiraum für die eigenen, verspielten Aktivitäten. Wer sie versucht, an die Kette zu legen, vertreibt sie. Was völlig unnötig ist, denn diese Hunde kommen nach ihren gelegentlichen Streifzügen ohnehin immer wieder gerne zurück. Und die Gefahr, dass sie fern der Heimat zu wildern beginnen, ist bei diesen Hunden eher gering.

木

Der Holz-Hund

Ein Holz-Hund (Jahrgänge 1934, 1994) ist der Beißer schlechthin unter den Hunden. Setzt er sich einmal etwas in den Kopf, dann zieht er das durch – bis ihm etwas Neues in den Sinn kommt und er mit gleicher Verbissenheit in eine andere Richtung hetzt. Im Gegensatz zu den Metall-Hunden setzt sich der Holz-Hund durchaus mit Aggression durch, wobei sich diese nicht nur gegen andere, sondern auch gegen sich selber richtet. Holz-Hunde sind daher auch besonders gefährdet, mit Alkohol und Drogen in Konflikt zu geraten.

Es wäre allerdings falsch, im Holz-Hund (Jia-xu) eine reine Kampfmaschine zu sehen. Überraschenderweise haben es diese Vertreter der Hunde-Familie gern besonders bequem und gemütlich. Sie sind auch Luxus gegenüber nicht abgeneigt und haben meist einen guten Kunstverstand. Sie sind kreativ veranlagt, als Künstler kompromisslos und recht unbekümmert, was gesellschaftliche Konventionen angeht. Im Gegenteil, oft scheint es so, als würden sie die eigenen ideale bewusst als Kontrapunkt zu den gesellschaftlichen Erwartungen setzen. Elivis Presley und Brigitte Bardot sind Beispiele für derartige Holz-Hunde.

Weniger prominente Holz-Hunde heiraten wie die prominenten Vorbilder oft früh und legen dann Wert auf ein gemütliches Heim. Partner und Kinder können mit ihrer Fürsorge und ihrer Loyalität rechnen – zumindest, solange es nach ihrem Kopf geht. Speziell bei pubertierenden Kindern stoßen Holz-

Hunde dabei allerdings bald an persönliche Grenzen. Dann hilft oft nur etwas räumlicher Abstand.

火

Der Feuer-Hund

Der Feuer-Hund (Jahrgänge 1946, 2006) ist ein besonders schillernder, charismatischer Vertreter der Hunde-Familie, der auf das andere Geschlecht eine große Anziehungskraft ausübt. Er ist privat wie beruflich sehr durchsetzungskräftig und scheut dabei auch den Kampf nicht. Allerdings haben die Kämpfe des Feuer-Hundes auch etwas Spielerisches. So verbissen wie Holz-Hund und Metall-Hund kommen sie selten daher.

Dabei ist der Feuer-Hund (Bing-xu) ein sympathischer Geselle. Seine persönlichen Erfolge steigen ihm nicht zu Kopf, und er hält sich strikt an seine hochgesteckten Prinzipien. Er ist der geborene Leithund, der das Rudel zusammenhält und ab und zu mit einem gezielten Biss für Ordnung sorgt. Übrigens ist diese Eigenschaft vor allem weiblichen Feuer-Hunden eigen. Männliche Vertreter dieser Hunde-Art halten sich dagegen oft etwas am Rande ihrer Familie auf, beobachtet die Lieben aus etwas Distanz und bricht statt dessen selber immer wieder zu Abenteuern auf. Wobei damit keine erotischen Abenteuer gemeint sind. Die sucht der Hund nur in Ausnahmefällen. Berufliche Herausforderungen oder Aktivitäten im sozial-karitativen Umfeld reizen ihn in aller Regel viel mehr.

Der Feuer-Hund ist ein gerader, ehrlicher Kerl, der seinen Mitmenschen aufrichtig sagt, was er sich denkt und was er erwartet. Die gleiche Aufmerksamkeit erwartet er auch von anderen. Wer ihn belügt und sich erwischen lässt – und Feuer-Hunde haben genug Instinkt, um Lügen zu entlarven –, sollte sich auf einen Feuersturm gefasst machen. Denn dann gehen die Emotionen mit ihm durch und er zeigt überdeutlich, was hinter seiner sympathischen, scheinbar so ruhigen Fassade schlummert.

土

Der Erd-Hund

Im Gegensatz zum vorherigen, heftigsten Vertreter der Hunde-Familie ist der Erd-Hund (Jahrgang 1958) ein sehr ruhiger, gelassener und entsprechend emotional stabiler Vertreter der Hunde-Familie. Natürlich gibt es auch unter ihnen unrühmliche Ausnahmen wie Michael Jackson, die aus dem Gleichgewicht geraten sind und nun verwirrt durchs Leben taumeln. Grundsätzlich handelt es sich jedoch um ausgeglichene Gesellen mit einem realistischen Sinn für den Umgang mit den Dingen des Lebens.

Ein Erd-Hund (Wu-xu) ist sehr praktisch veranlagt. Seine Sinne sind auf das gegenwärtig Erforderliche gerichtet. Großartige Visionen entwickeln sie selten, ihr Verstand ist mehr damit beschäftigt, die Unzulänglichkeiten der Gegenwart zu identifizieren und sofort Abhilfe zu schaffen. Daher stehen sie auch jedem, der in Not ist, hilfreich zur Seite. Sie sind besonders treue, verlässliche Freunde und Partner, die allerdings besonders hohe Erwartungen an sich und andere stellen – und es ist sehr leicht, sie zu enttäuschen. Da sie von Natur aus jedoch nicht nachtragend sind, ist dies im Umgang mit ihnen nicht wirklich ein Problem.

Viel schwieriger ist es da schon, sie aus der immer wieder auftauchenden Lethargie zu reißen. Diese Hunde wissen einen warmen, trockenen Platz hinter der Ofenbank besonders zu schätzen und müssen mit sanfter Gewalt aus dem Haus gelockt werden. Ist das einmal geschafft, sind sie amüsante, anregende Begleiter. Aber bis es so weit ist, muss man mit seinem unwilligen Knurren rechnen. Wem das zu mühsam ist, der sollte es sich neben ihnen bequem machen und die Ruhe genießen.

Der Hund und die Liebe

Auf den ersten Blick sind Hunde ideale Partner. Loyal, hingebungsvoll und einfühlungsbereit bieten sie so ziemlich alles, was das Herz begehrt. Und was das Beste ist: Sie sind erklärtermaßen keine Einzelgänger, sondern team- und beziehungsorientierte Paarläufer, die erst glücklich sind, wenn sie geliebte Menschen an ihrer Seite wissen.

Dennoch ist es mit ihnen nicht so einfach, wie es zunächst klingt. Wer sich mit einem Hund einlässt, braucht Geduld. Er muss ihn erst aus der Reserve locken, ihm zeigen, dass man es wert ist, von ihm geliebt zu werden. Und das läuft deutlich anders als bei vielen anderen Vertretern des Tierkreises. Hunde wollen nicht erobert werden, sie wollen, dass man sie überzeugt. Lange halten sie sich im Hintergrund und beobachten das Geschehen. Erst wenn sie sicher sind, dass ihr Gegenüber ihre Liebe verdient, lassen sie sich auf eine Beziehung ein.

Was nicht heißen soll, dass Hunde Spätberufene in Beziehungsfragen sind. In aller Regel machen sie sich auch schon sehr früh auf Partnersuche. Ahnen sie doch instinktiv, dass auf sie die Talmud-Weisheit „Ein Mann ohne Weib ist nur ein halber Mensch!" in besonderem Maße gilt. Eine Weisheit, die übrigens umgekehrt genauso viel Gültigkeit besitzt, auch wenn der Talmud sich darüber nicht den Kopf zerbricht.

Der Hund jedenfalls setzt sich schon früh auf die Spur des idealen Partners oder der idealen Partnerin, beobachtet dabei aber die in Frage kommenden Kandidaten sehr genau. Im Grunde kann man ihn mit einem ängstlichen Welpen vergleichen, der sich zunächst einmal unter einen sicheren Stuhl oder einen Schrank zurückzieht und den Menschen beobachtet. Hat er aber erst einmal Vertrauen gefasst, kommt er unter seinem Versteck hervor, um zu spielen. Und nach kurzer Zeit ist eine Verbindung entstanden, die ein Leben lang hält.

Hunde wissen den Komfort einer Beziehung zu schätzen und tragen das Ihre dazu bei, dass sich ihr Partner wohlfühlt. Wer die anfänglich notwendige Geduld in die Beziehung investiert, wird mit liebevoller Fürsorge, unverbrüchlicher Treue und schummerigen Kuschelstunden belohnt, die er „einfach so" annehmen darf. Der Hund bemüht sich, seinem Partner den sprichwörtlichen Himmel auf Erden zu bereiten. Wie nicht anders zu erwarten, ist er bereits früh auf langfristige feste Beziehungen ausgerichtet, an denen er beharrlich festhält. Eine große Familie, die er liebevoll umhegen kann, ist sein Traum. Wenn der Hund dabei lernt, nicht nur großzügig und verständnisvoll zu sein, sondern dann die Zähne zu zeigen, wenn es ihm zu bunt wird, dann kann er auch für solche Charaktere der ideale Partner sein, die eher abwechslungsreiche Beziehungen suchen.

Die pragmatische Hund-Frau

Die Hund-Frau ist pragmatisch, anpassungsfähig und loyal. Man sollte allerdings nicht dem Irrtum aufsitzen, dass sie deshalb unbedingt in Latzhosen oder ausgebeulten Jeans daherkommt. Sie hat auch ihre geschliffenen, charismatischen Seiten, wenngleich man sie kaum überkandidelt oder auf andere Art und Weise zu sehr aufs Äußere bedacht erleben wird. Für sie zählen die inneren Werte, und da vor allem der Grad der Pflichterfüllung. Sie selbst legt sich äußerst großzügig Pflichten auf; und ist mit sich bei der Ausführung selten zufrieden. Oft scheint es, als hätte sie einen kleinen Kobold auf der Schulter sitzen, der ihr permanent ins Ohr sagt: „Das kannst du besser!" Und sie glaubt ihm und intensiviert ihre Bemühungen so, dass es für sie – und ihre Umgebung – in Stress ausartet.

Der größte Schatten der Hund-Frau besteht darin, dass sie Veränderungen gegenüber extrem reserviert ist. Lieber lebt sie das bekannte Unglück, als dass sie Experimente für ein unbekanntes Glück starten würde. Das kann mitunter ganz schön schwierig für ihre Umgebung werden, vor allem, wenn ein neuer Partner versucht, sie für sich zu interessieren.

Langweilig ist die Hund-Frau keineswegs. Sie liebt Geselligkeit, taut auf Partys überraschend schnell auf und zeigt sich dann von ihrer ganz besonders charmanten Seite. Zurück im trauten Heim kann sie dagegen viel schwieriger werden. Hund-Frauen neigen zu Launen, die ihnen übrigens selber nicht immer nachvollziehbar sind. Das heißt zwar noch lange nicht, dass sie den Mann an ihrer Seite verlassen würde. Nur einfach macht sie ihm das Leben nicht unbedingt. Am besten fährt er, wenn er sie mit Streicheleinheiten verwöhnt und ihre emotionalen Berg- und Talfahrten von himmelhoch jauchzend bis zu Tode betrübt nicht allzu ernst nimmt. Wer ihr immer wieder kleine Aufmerksamkeiten zukommen lässt – und da reichen oft einige nette Worte oder nette Zeilen auf dem Frühstücksteller –, kann sich ihrer Liebe jedenfalls sicher sein.

Der loyale Hund-Mann

Hund-Männer sind ebenfalls äußerst loyale, an hohen Idealen orientierte Menschen. Fair Play geht ihnen über alles, angenehmerweise auch in der Liebe. Aber genau aus diesem

Grund muss man auch sie erst einmal überzeugen, bevor sie einer Beziehung nähertreten. Entschließen sie sich allerdings einmal, einer Partnerin näherzutreten, dann kann man davon ausgehen, dass sie es ernst meinen.

Ist die erste Annäherungsphase überwunden, sind Hund-Männer extrovertierte Persönlichkeiten, die ohne große Umschweife auf „des Pudels Kern" zu sprechen kommen. Als Frau macht man sich daher besser darauf gefasst, auch ein paar wenig schmeichelhafte Dinge gesagt zu bekommen, wenn man sich mit einem Hund-Mann einlässt. Mit Ungerechtigkeiten oder – schlimmer noch – mit Unwahrheiten sollte man ihm lieber nicht kommen. Da wird er nämlich echt unangenehm.

Auch mit Veränderungen sollte man ihm nicht zu abrupt kommen. Er selbst neigt dagegen dazu, sich in radikale Ideen zu verrennen, die von der Umgebung einige Veränderungsbereitschaft erfordern. Aber dann geht der Impuls von ihm aus und das ist ja bekanntlich etwas ganz anderes.

In der Liebe braucht der Hund-Mann viel Zärtlichkeit. Selber wirkt er zwar manchmal etwas unterkühlt, entwickelt unter den liebevollen Händen seiner Partnerin ein enormes Feuer. Wer das entfacht, kann auf einen einsatzbereiten, großzügigen und liebevollen Partner bauen.

Hund mit Ratte

Der Hund ist von Haus aus misstrauisch, die Ratte verbirgt ihre Gefühle aus Angst, verletzt zu werden. Auf dieser Basis müssen sich beide schon etwas Mühe geben, um überhaupt zueinanderzufinden. Aber erstaunlicherweise passiert das wirklich und tatsächlich entdecken die beiden so viel Positives aneinander, dass sie den Versuch wirklich starten.

Bei der Kombination von Ratte und Hund handelt es sich um jene seltenen Fälle im chinesischen Horoskop, in dem sich beide Partner gleich wohl miteinander fühlen. Was kann es da Schöneres geben als eine vertraute Beziehung. Der besondere Charme in dieser Konstellation liegt in der ausgleichenden Wirkung, die die beiden aufeinander haben. Der Hund wirkt mit seiner bedingungslosen Treue sehr beruhigend auf die Ratte, weshalb sie es auch akzeptieren kann, wenn er bei ihren eigennützigen Aktionen Gerechtigkeit einmahnt. Und sie ist wendig genug, um ihn daran zu hindern, sich in seinen Idealen zu verbeißen, womit letztendlich niemandem geholfen wäre.

Wegen des Geldes gibt es zwischen Ratte und Hund keine Probleme. Die Ratte schafft es in ausreichender Menge herbei und auch der Hund entzieht sich nicht seinen wirtschaftlichen Verpflichtungen. So weit zum Einkommen. Und wie sieht es auf der Ausgabenseite aus? Die Ratte mag ja ab und zu den schönen Dingen erliegen und Dinge kaufen, die sie eigentlich nicht brauchen würde. Dafür ist der Hund alles andere als einkaufsfreudig. Im Gegenteil, manchmal würde sich die Ratte etwas mehr Eleganz bei ihrem Partner wünschen.

Betrachten wir nun die Hund-Ratte-Paarung unter Berücksichtigung der Elemente, wobei klar ist, dass viele Idealkombinationen in der Realität schon wegen des großen Altersunterschiedes zwischen den Partnern nicht vorkommen werden. Doch erstens war und ist in der chinesischen Kultur ein großer Altersunterschied zwischen Ehepartnern ein weitaus geringeres Problem als bei uns. Und zweitens lassen sich diese Konstellationen auch auf die Beziehung zwischen Eltern und Kindern, Vorgesetztem und Mitarbeitern oder anderen sozialen Partnerschaften übertragen. Berücksichtigt man also die

Elemente, dann ergeben sich folgende besonders Erfolg versprechende Paarungen:

- Der Feuer-Hund (1946, 2006) profitiert besonders von Holz-Ratten (1924, 1984) und Wasser-Ratten (1912, 1972), mit Feuer-Ratten (1936, 1996) ist die Prognose neutral. Vorsicht, die Beziehungen lassen sich bis auf die letzte nicht umkehren, und zwar in diesem Fall ebenso wenig wie in allen folgenden. Sehen wir uns aber als Beispiel diese Kombination genauer an: Holz-Ratten werden von der Energie des Feuer-Hundes geradezu erschlagen. Und auch für Wasser-Ratten ist diese Konstellation ziemlich anstrengend. Für beide halbwegs passend ist nur die Kombination Feuer-Feuer – aber da kann einem dann schon die Umgebung ein wenig leidtun.
- Der Erd-Hund (1958) profitiert besonders von Feuer-Ratten (1936, 1996) und Holz-Ratten (1924, 1984). Gemeinsam mit einer Erd-Ratte macht er es sich ebenfalls recht gemütlich.
- Der Metall-Hund (1910, 1970) profitiert besonders von Erd-Ratten (1948) und Feuer-Ratten (1936, 1996). Gemeinsam mit einer Metall-Ratte (1900, 1960) stehen die Chancen neutral.
- Der Wasser-Hund (1922, 1982) profitiert besonders von Metall-Ratten (1900, 1960) und Erd-Ratten (1948). Gemeinsam mit einer Wasser-Ratte (1912, 1972) ist die Beziehung ausgewogen.
- Der Holz-Hund (1934, 1994) profitiert schließlich besonders von Wasser-Ratten (1912, 1972) und Metall-Ratten (1900, 1960). Gemeinsam mit einer Holz-Ratte (1924, 1984) ist die Prognose neutral.

Hund mit Büffel

Der Hund ist ein weiterer gut geeigneter Partner für den Büffel. In dem treuen, dauerhaften Begleiter sieht er eine artverwandte Seele, mit dem er sich gerne auf eine traute Zweisamkeit einlässt. Auch der Hund kann dem Büffel in aller Regel etwas abgewinnen, wobei sich die Beziehung aus seiner Sicht zwar nicht ganz so positiv, aber zumindest neutral darstellt.

Hunde lieben die Gerechtigkeit – und damit ist auch schon auf das schwerwiegendste Konfliktpotenzial zwischen den beiden hingewiesen. Der Hund kann sich nämlich enorm darüber aufregen, wenn seinem gutmütigen Partner Unrecht geschieht. Der Büffel weiß in solchen Fällen dann nicht so recht, wie ihm geschieht. Wenn es ihm selber egal ist, dann könnte doch auch der Hund-Partner an seiner Seite ruhig bleiben? Von dieser leichten Irritation einmal abgesehen, fühlt sich der Büffel jedoch von diesem Gefährten rundherum geliebt. Der Hund dagegen merkt, dass ihm der Ärger über die Gutmütigkeit des Büffels nicht guttut, und zieht sich tendenziell ein wenig zurück.

Trotzdem haben die beiden gute Karten für eine dauerhafte, glückliche Beziehung. Beide haben ein gutes Gespür für gerechte Arbeitsteilung und erledigen ihre Pflichten zuverlässig. Beide lieben den anderen für seine Loyalität. Und beide schätzen einander für ihre Aufrichtigkeit und ihre gradlinige Art.

Betrachtet man die Hund-Büffel-Paarung unter Berücksichtigung der Elemente, dann ergeben sich folgende besonders Erfolg versprechende Beziehungen, wobei auch hier der Altersabstand zum Teil erheblich ist:

- Der Feuer-Hund (1946, 2006) profitiert besonders von Holz-Büffeln (1925, 1985) und Wasser-Büffeln (1913, 1973). Auch die Partnerschaft mit einem Feuer-Büffel (1937, 1997) hat erfreuliche Vorzeichen, allerdings müssen die beiden darauf achten, dass sie sich nicht in fixen Ideen verrennen.
- Der Erd-Hund (1958) profitiert besonders von Feuer-Büffeln (1937, 1997) und Holz-Büffeln (1925, 1985). Gemeinsam mit einem Erd-Büffel (1949) sind die Chancen zumindest neutral.
- Der Metall-Hund (1910, 1970) profitiert besonders von Erd-Büffeln (1949) und Feuer-Büffeln (1937, 1997). Gemeinsam mit einem Metall-Büffel (1901, 1961) sind die Chancen neutral.
- Der Wasser-Hund (1922, 1982) profitiert besonders von Metall-Büffeln (1901, 1961) und Erd-Büffeln (1949). Gemeinsam mit einem Wasser-Büffel (1913, 1973) sind die Chancen zumindest neutral.
- Der Holz-Hund (1934, 1994) profitiert schließlich besonders von Wasser-Büffeln (1913, 1973) und Metall-Büffeln (1901, 1961). Gemeinsam mit einem Holz-Büffel (1925, 1985) sind die Chancen zumindest neutral.

Hund mit Tiger

Der Hund bietet dem Tiger Warmherzigkeit und Treue, der Tiger bietet dem Hund Feinfühligkeit und Gefühlstiefe – eine großartige Verbindung, und zwar aus der Perspektive beider. Tiger sind spontan, intuitiv und gefühlsstark. Oft werden sie von spirituellen oder ideellen Motiven getrieben, die ihrem Leben eine ganz eigene Intensität verleihen. Da kommt ein loyaler, gerechter und ebenfalls recht durchsetzungsstarker Partner wie der Hund gerade recht.

Obwohl auch Hunde vom männlichen Yang-Prinzip dominiert werden, machen sie dem Tiger seinen Machtanspruch nicht streitig. Sie sind zufrieden, wenn sie das Gefühl haben, dass die Freuden und die Lasten des Lebens gerecht aufgeteilt werden. Und dazu ist der Tiger allemal bereit. Gleichzeitig ist der Hund nicht gleich beleidigt, wenn mit dem Tiger einmal das Temperament durchgeht und er den Partner anknurrt. Im Gegenteil, der Hund knurrt – etwas leiser – zurück und die Sache ist aus der Welt geschafft.

Dem Hund wiederum imponieren die Ideale des Tigers ungemein. An der Seite dieses Missionars fühlt auch er sich aufgewertet und trägt gerne seinen Teil zum Gelingen bei.

Allerdings muss der Tiger seine Neigung zu erotischen Eskapaden in den Griff bekommen. Der Hund verzeiht seinen Treuebruch nämlich nicht gerne, wenngleich es für ihn kein Grund ist, die Beziehung ganz in Frage zu stellen. Trotzdem profitiert der Tiger, wenn er sich mehr auf die Abenteuer der eigenen Beziehung einlässt, als wenn er sie außerhalb des heimischen Bettes sucht. Alles in allem ist dies aber eine Glück und Harmonie verheißende Kombination, der man nur alles Gute wünschen kann.

Betrachtet man die Hund-Tiger-Paarung unter Berücksichtigung der Elemente, dann ergeben sich folgende besonders Erfolg versprechende Beziehungen – wobei nicht zuletzt auf Grund des großen Altersunterschiedes gilt, dass es einfachere und günstigere Konstellationen gibt:

- Der Feuer-Hund (1946, 2006) profitiert besonders von Holz-Tigern (1914, 1974) und Wasser-Tigern (1902, 1962). Die Partnerschaft mit einem Feuer-Tiger (1926, 1986) enthält reichlich Sprengstoff, kann aber dennoch gut gehen, wenn es beiden gelingt, ein wenig Toleranz zu üben.

- Der Erd-Hund (1958) profitiert besonders von Feuer-Tigern (1926, 1986) und Holz-Tigern (1914, 1974). Gemeinsam mit einem Erd-Tiger (1938, 1998) sind die Chancen zumindest neutral.
- Der Metall-Hund (1910, 1970) profitiert besonders von Erd-Tigern (1938, 1998) und Feuer-Tigern (1926, 1986). Gemeinsam mit einem Metall-Tiger (1950) sind die Chancen neutral.
- Der Wasser-Hund (1922, 1982) profitiert besonders von Metall-Tigern (1950) und Erd-Tigern (1938, 1998). Gemeinsam mit einem Wasser-Tiger (1902, 1962) sind die Chancen zumindest neutral.
- Der Holz-Hund (1934, 1994) profitiert schließlich besonders von Wasser-Tigern (1902, 1962) und Metall-Tigern (1950). Gemeinsam mit einem Holz-Tiger (1914, 1974) sind die Chancen zumindest neutral.

Hund mit Hase

Der Hase und der Hund sind auf jeden Fall gut für eine langjährige, unbelastete Freundschaft. Mehr noch, treffen hier doch zwei Vertreter des Tierkreises aufeinander, die wirklich miteinander wollen. Der auf Harmonie bedachte, zärtliche und trotzdem durchsetzungsstarke Hase ist in den Augen des Hundes einfach der ideale Partner. Und der Hase schätzt seinerseits den Hund als gerechtigkeitsliebenden, starken Partner, dem er sich im Zweifel sogar unterordnet. Auch durch ihren großen Familiensinn haben die beiden eine gemeinsame Basis, auf der sich ein zufriedenes Leben aufbauen lässt. Vermutlich werden sie sich ein gemütliches Heim schaffen mit einer mehr oder minder großen Kinderschar. Sie werden daneben aber auch Zeit für soziale Engagements finden und ihren großen Freundeskreis pflegen.

Obwohl Hasen an sich sehr empfindlich sind, was Nörgeln anlangt, können sie mit dem Bellen des Hundes gut umgehen. Wissen sie doch, dass sich der Partner nur kurz Luft verschafft und hinterher wieder genauso friedlich und freundlich ist wie zuvor. Übertreiben sollte der Hund dennoch nicht, schließlich neigen Hasen irgendwann dann doch dazu, sich in den Schmollwinkel zurückzuziehen. Außerdem muss er sich davor hüten, sich in seine Anliegen zu verbeißen. Denn das erschreckt den Hasen. Andererseits sind die geborenen Diplomaten aber auch in der Lage, die Wogen zu glätten, sollte der Hund-Partner einmal unangemessen zubeißen. Solange der Hase treu bleibt und nicht die Ordnung, die der Hund in seinem Leben wünscht, auf den Kopf stellt, steht einer glücklichen Beziehung nichts im Weg.

Betrachtet man die Hund-Hase-Paarung unter Berücksichtigung der Elemente, dann ergeben sich folgende tendenziell Erfolg versprechende Beziehungen – doch wiederum gilt nicht zuletzt auf Grund des großen Altersunterschiedes, dass es einfachere und günstigere Konstellationen gibt:

- Der Feuer-Hund (1946, 2006) profitiert besonders von Holz-Hasen (1915, 1975) und Wasser-Hasen (1903, 1963). Die Partnerschaft mit einem Feuer-Hasen (1927, 1987) ist zumindest neutral.
- Der Erd-Hund (1958) profitiert besonders von Feuer-Hasen (1927, 1987) und Holz-Hasen (1915, 1975). Mit einem Erd-Hasen (1939, 1999) sind die Chancen zumindest neutral.
- Der Metall-Hund (1910, 1970) profitiert besonders von Erd-Hasen (1939, 1999) und Feuer-Hasen (1927, 1997). Gemeinsam mit einem Metall-Hasen (1951) sind die Chancen neutral.

- Der Wasser-Hund (1922, 1982) profitiert besonders von Metall-Hasen (1951) und Erd-Hasen (1939, 1999). Gemeinsam mit einem Wasser-Hasen (1903, 1963) sind die Chancen zumindest neutral.
- Der Holz-Hund (1934, 1994) profitiert schließlich besonders von Wasser-Hasen (1903, 1963) und Metall-Hasen (1951). Gemeinsam mit einem Holz-Hasen (1915, 1975) sind die Chancen zumindest neutral.

Hund mit Drache

Den Hund und den Drachen verbindet die Sehnsucht nach einer festen Beziehung. Aber das wäre es dann auch schon – zumindest aus der Sicht des Drachen. Der will nämlich nicht mit dem Hund, auch wenn Letzterer die Sache anders sehen mag. Und so kommt es bestenfalls zu einer kurzen, heftigen Liaison. Bald allerdings stellt sich heraus, dass die Gemeinsamkeiten damit auch schon erschöpft sind, und das ist wahrhaftig keine gute Voraussetzung für eine glückliche, erfüllte Beziehung.

Dabei ist der Ausgleich, den der Hund in vielen Fällen schafft, im Grunde nach dem Geschmack des Drachen. Mit einer Einschränkung: Der Hund sorgt für Ordnung, der Drache findet, das sollte jeder für sich selber erledigen. Und so wirft er seinem Hund-Partner dauernd Energie- und Zeitverschwendung vor und treibt ihn damit in die Raserei. Denn eines ist klar: Hindert man den Hund daran, für jene Gerechtigkeit zu sorgen, die ihm am Herzen liegt, lernt man seine Zähne kennen. Die können den Drachen zwar nur leicht verletzen, aber eine harmonische Beziehung stellt man sich dann doch anders vor.

Darüber hinaus nimmt der Hund mit seinem Bedürfnis nach Nähe dem Drachen jenen Freiraum, den er benötigt, um sich ungehindert entfalten zu können. In den Augen des Drachen wird der Hund so schnell zum Hindernis für seine Erfolge. Und wenn er eines sicher nicht verzeiht, dann ist es das.

Betrachtet man die Hund-Drache-Paarung unter Berücksichtigung der Elemente, dann ergeben sich folgende tendenziell Erfolg versprechende Beziehungen – wobei auch in diesem Fall einige Idealkombinationen im Alter extrem weit auseinanderliegen und damit zumindest in Liebesbeziehungen eher selten anzutreffen sind:

- Der Feuer-Hund (1946, 2006) profitiert besonders von Holz-Drachen (1904, 1964) und Wasser-Drachen (1952). Die Partnerschaft mit einem Feuer-Drachen (1916, 1976) ist noch immer gut, wenngleich die Umgebung mit diesem Paar einiges auszustehen hat.
- Der Erd-Hund (1958) profitiert besonders von Feuer-Drachen (1916, 1976) und Holz-Drachen (1904, 1964). Gemeinsam mit einem Erd-Drachen (1928, 1988) sind die Chancen ebenfalls gut.
- Der Metall-Hund (1910, 1970) profitiert besonders von Erd-Drachen (1928, 1988) und Feuer-Drachen (1916, 1976). Gemeinsam mit einem Metall-Drachen (1940, 2000) sind die Chancen ebenfalls gut.
- Der Wasser-Hund (1922, 1982) profitiert besonders von Metall-Drachen (1940, 2000) und Erd-Drachen (1928, 1988). Gemeinsam mit einem Wasser-Drachen (1952) sind die Chancen ebenfalls gut.
- Der Holz-Hund (1934, 1994) profitiert schließlich besonders von Wasser-Drachen (1952) und Metall-Drachen (1940, 2000). Gemeinsam mit einem Holz-Drachen (1904, 1964) sind die Chancen ebenfalls gut.

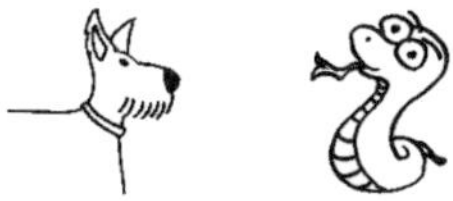

Hund mit Schlange

Schlangen haben ausgeprägte Abneigungen, und in der Person des Hundes begegnen sie so einer personifizierten Abneigung. Hunde jagen ihren Idealen von Gerechtigkeit hinterher und verbeißen sich mitunter auch in der einen oder anderen Idee. Schlangen wenden sich von solch einem Verhalten verständnislos ab. Was will der Hund mit seinem Sinn für Ordnung? Was mit seinem Kampf für Gerechtigkeit? Dienen diese Ziele doch ganz offensichtlich nicht der eigenen Entwicklung.

Der Hund betrachtet die Schlange sogar noch viel skeptischer. Scheinen ihre Windungen doch gänzlich konträr zu seinem geraden Wesen zu sein. Wieder einmal sitzen zwei Vertreter des chinesischen Tierkreises dem Irrtum des ersten Eindrucks auf. Denn im Grunde sind die beiden nicht so verschieden, wie sie zu glauben meinen.

Schlangen wissen Loyalität im Grunde zu schätzen. Und diese Loyalität würde der Hund in ganz ausgezeichneter Weise zur Verfügung stellen. Und umgekehrt könnte der Hund von der Findigkeit der Schlange, neue Wege auszukundschaften, profitieren. Er müsste sich nur vorher die Mühe machen, sich davon zu überzeugen, dass es sich um ein lohnenswertes Ziel handelt.

Aber so weit kommen die beiden in aller Regel nicht. Sie gehen sich geflissentlich aus dem Weg, ganz nach dem Motto: Wer will schon eine Beziehung nur für Masochisten?

Betrachtet man die Hund-Schlange-Paarung unter Berücksichtigung der Elemente, dann ergeben sich folgende tendenziell Erfolg versprechende Beziehungen – wobei auch in diesem Fall viele Idealkombinationen im Alter extrem weit auseinander liegen und damit zumindest in Liebesbeziehungen eher selten anzutreffen sind:

- Der Feuer-Hund (1946, 2006) profitiert besonders von Holz-Schlangen (1905, 1965) und Wasser-Schlangen (1953). Die Partnerschaft mit einer Feuer-Schlange (1917, 1977) ist noch immer gut.
- Der Erd-Hund (1958) profitiert besonders von einer Feuer-Schlange (1917, 1977) und von einer Holz-Schlange (1905, 1965). Gemeinsam mit einer Erd-Schlange (1929, 1989) sind die Chancen neutral.
- Der Metall-Hund (1910, 1970) profitiert besonders von Erd-Schlangen (1929, 1989) und Feuer-Schlangen (1917, 1977). Gemeinsam mit einer Metall-Schlange (1941, 2001) sind die Chancen neutral.
- Der Wasser-Hund (1922, 1982) profitiert besonders von Metall-Schlangen (1941, 2001) und Erd-Schlangen (1929, 1989). Gemeinsam mit einer Wasser-Schlange (1953) sind die Chancen neutral.
- Der Holz-Hund (1934, 1994) profitiert schließlich besonders von Wasser-Schlangen (1953) und Metall-Schlangen (1941, 2001). Gemeinsam mit einer Holz-Schlange (1905, 1965) sind die Chancen neutral.

Hund mit Pferd

Pferd und Hund gelten nicht nur als ideale Partner für den Menschen, sie kommen auch miteinander gut zurecht. Der Hund ist loyal und gerecht, weiß ein kraftvolles Spiel durchaus zu schätzen und hat genug Kondition, um mit dem dahin stürmenden Pferd mithalten zu können. All das schätzt das Pferd an diesem Partner und ist deshalb auch durchaus bereit, seine Schritte so sorgsam zu setzen, dass der Hund nicht gleich unter seine Hufe gerät.

Der Hund wiederum himmelt das Pferd wegen seiner Kraft an und zeigt ihm das auch deutlich. Es verfügt über eine natürliche Autorität, die er selber gerne hätte und die ihm dadurch ein Vorbild ist. Außerdem führt es ihn in seinen großen Freundes- und Bekanntenkreis ein und sorgt dafür, dass sich der Hund gut unterhält. Aus eigenem Antrieb – das weiß er im Grunde genau – fiele es ihm deutlich schwerer, in größeren Gruppen Anschluss zu finden.

Übrigens lassen sich Pferde von einem Hund-Partner auch ganz gerne vor dessen Karren spannen. Die Ideale des Hundes sind spannend genug, um sich dafür zu engagieren. Aber da das Pferd im Grunde viel entspannter an die Sache herangeht, sorgt es dafür, dass auch der Hund einen gesunden Abstand hält und sich nicht in sein Ziel verbeißt. Nur vor einem sollte sich der Hund in Acht nehmen: Er darf sein Kontrollbedürfnis keinesfalls so ausleben, dass beim Pferd der Eindruck entsteht, es sei eingesperrt. Denn dann sucht es das Weite, ohne dass der Hund eine Chance hätte, mitzukommen.

Alles in allem bilden die beiden aber ein geglücktes Gespann, dessen einziger Nachteil es ist, dass es in seinen Idealausprägungen aufgrund der teilweise sehr großen Altersunterschiede kaum vorkommt.

Betrachtet man die Hund-Pferd-Paarung unter Berücksichtigung der Elemente, dann ergeben sich folgende am ehesten Erfolg versprechende Beziehungen – wobei einige günstige Konstellationen im Alter näher zusammenrücken, demnach in der Praxis auch häufiger anzutreffen sind:

- Der Feuer-Hund (1946, 2006) profitiert besonders von Holz-Pferd (1954) und Wasser-Pferd (1942, 2002). Die Partnerschaft mit einem Feuer-Pferd (1906, 1966) ist neutral.

- Der Erd-Hund (1958) profitiert besonders von Feuer-Pferden (1906, 1966) und Holz-Pferden (1954). Gemeinsam mit einem Erd-Pferd (1918, 1978) sind die Chancen neutral.
- Der Metall-Hund (1910, 1970) profitiert besonders von Erd-Pferden (1918, 1978) und Feuer-Pferden (1906, 1966). Gemeinsam mit einem Metall-Pferd (1930, 1990) sind die Chancen neutral.
- Der Wasser-Hund (1922, 1982) profitiert besonders von Metall-Pferden (1930, 1990) und Erd-Pferden (1918, 1978). Gemeinsam mit einem Wasser-Pferd (1942, 2002) sind die Chancen ebenfalls neutral.
- Der Holz-Hund (1934, 1994) profitiert schließlich besonders von Wasser-Pferden (1942, 2002) und Metall-Pferden (1930, 1990). Gemeinsam mit einem Holz-Pferd (1954) sind die Chancen ebenfalls neutral.

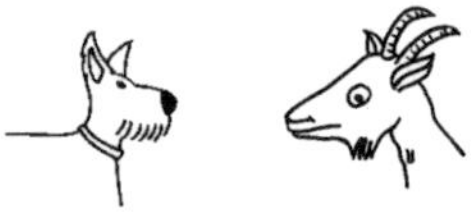

Hund mit Ziege

Der Hund ist für die Ziege zwar ein ritterlicher Kavalier, der mit seiner Einfühlsamkeit ihre Probleme und ihre Empfindlichkeit erkennt und sie vor der bösen Welt beschützt. Aber so ganz mag sie sich ihm dann doch nicht anvertrauen. Vor allem, wenn er sich wieder einmal in eine seiner Ideen verbissen hat, erschreckt sich die Ziege. Außerdem beschleicht sie dann auch noch der Verdacht, dass sie nicht das Wichtigste in seinem Leben sein könnte. Und das nährt ihre Selbstzweifel und sie beginnt zu jammern.

Der Hund wiederum beobachtet an der Ziege eine praktische Veranlagung, die ihm recht gut gefällt. Ihr Drang nach Struktur trifft sich mit seiner Prinzipientreue und so hat er durchaus den Eindruck, es mit einer Person mit Handschlagqualität zu tun zu haben. Mehr aber auch nicht. Die große Liebe spürt weder die Ziege noch der Hund. Allerdings ist diese Kombination eine von dreien für die Ziege, in denen es beiden Partnern zumindest neutral geht. Und so tut sie gut daran, ein wenig erfindungsreich zu sein und dem Hund klarzumachen, dass sie eine zärtliche, friedliche Partnerin ist, die ihm das Leben angenehm machen kann. Im übertragenen Sinn sind Ziegen ja durchaus bereit, dem Partner das Fell zu kraulen. Und Hunde lecken ihrem Herrn mit Freude die Hände.

Allerdings sollte sich die Ziege davor hüten, ihren Unmut in sich hineinzufressen und mürrisch zu werden, wenn etwas nicht nach ihrem Kopf läuft. Das kann der Hund überhaupt nicht leiden. Dann beginnt auch er zu knurren. Gelingt dies, dann kann aus einer Freundschaft auch eine harmonische Beziehung ohne große Höhen und Tiefen werden.

Betrachtet man die Hund-Ziege-Paarung unter Berücksichtigung der Elemente, dann ergeben sich folgende tendenziell Erfolg versprechende Beziehungen – wobei die Altersabstände einzelner Konstellationen nicht allzu weit auseinanderliegen, das heißt, dass solche Liebesbeziehungen in der Praxis auch tatsächlich anzutreffen sind:

- Der Feuer-Hund (1946, 2006) profitiert besonders von Holz-Ziegen (1955) und Wasser-Ziegen (1943, 2003). Die Partnerschaft mit einer Feuer-Ziege (1907, 1967) ist noch immer gut, wenngleich das Verhältnis zwischen den beiden recht konfliktträchtig ist.
- Der Erd-Hund (1958) profitiert besonders von Feuer-Ziegen (1907, 1967) und Holz-Ziegen (1955). Gemeinsam mit einer Erd-Ziege (1919, 1979) sind die Chancen ebenfalls gut.
- Der Metall-Hund (1910, 1970) profitiert besonders von Erd-Ziegen (1919, 1979) und Feuer-Ziegen (1907, 1967). Mit einer Metall-Ziege (1931, 1991) sind die Chancen ebenfalls gut.

- Der Wasser-Hund (1922, 1982) profitiert besonders von Metall-Ziegen (1931, 1991) und Erd-Ziegen (1919, 1979). Gemeinsam mit einer Wasser-Ziege (1943, 2003) sind die Chancen ebenfalls gut.
- Der Holz-Hund (1934, 1994) profitiert schließlich besonders von Wasser-Ziegen (1943, 2003) und Metall-Ziegen (1931, 1991). Gemeinsam mit einer Holz-Ziege (1955) sind die Chancen ebenfalls gut.

Hund mit Affe

Im Hund trifft der Affe auf einen Fan, dem er selber nicht viel abgewinnen kann. Er lehnt den Hund zwar nicht ab, von einem Traumpartner ist er allerdings meilenweit entfernt. Das liegt vor allem daran, dass die Loyalität des Hundes für den Affen ein echter Spaßkiller ist. Pocht der Hund auf seine Werte, hat der Affe das Gefühl, dass man ihm mit erhobenem Zeigefinger entgegentritt. Und das treibt ihn nun einmal auf die Palme.

Und so kann der Hund auch noch so sehr mit dem Schwanz wedeln und dem Affen seine Dienste antragen; der Umworbene wird stets reserviert bleiben und insgeheim bereits kurz nach dem Kennenlernen nach lustigeren Partnern Ausschau halten.

Gleichzeit kann er sich nicht zurückhalten, den Hund permanent zu hänseln und seine mitunter gemeinen Späße mit ihm zu treiben. Der Hund erträgt das zunächst mit großer Gutmütigkeit. Erwischt er den Affen allerdings bei einem seiner Ausflüge in interessantere Regionen, dann beißt er zu. Denn betrügen lässt sich auch der gutmütigste Hund nicht gerne.

Alles in allem steht diese Beziehung trotz der Begeisterung des Hundes unter keinem guten Stern. Im Grunde weiß der Affe die Qualitäten dieses Partners weder zu schätzen noch zu nutzen. Vielleicht spannt er den Hund für einige Zeit für seine Dienste ein. Aber das ist dem freundlichen Gesellen eigentlich nicht zu wünschen. Da ist es besser, er leidet ein wenig unter Liebeskummer und lässt den Affen ziehen. Ist der Hund allerdings hartnäckig und leidensfähig genug, bilden die beiden ein mögliches Gespann – auch wenn die Umgebung den Kopf schüttelt.

Betrachtet man die Hund-Affe-Paarung unter Berücksichtigung der Elemente, dann ergeben sich folgende für den Hund besonders günstige Beziehungen – wobei auch hier aufgrund des geringer werdenden Altersabstandes zwischen den Partnern die Wahrscheinlichkeit zunimmt, einem solchen Liebespaar in der Realität doch zu begegnen:

- Der Feuer-Hund (1946, 2006) profitiert besonders von Holz-Affen (1944, 2004) und Wasser-Affen (1932, 1992). Die Partnerschaft mit einem Feuer-Affen (1956) ist aus Sicht des Hundes neutral.
- Der Erd-Hund (1958) profitiert besonders von Feuer-Affen (1956) und Holz-Affen (1944, 2004). Gemeinsam mit einem Erd-Affen (1908, 1968) sind die Chancen ebenfalls neutral.
- Der Metall-Hund (1910, 1970) profitiert besonders von Erd-Affen (1908, 1968) und Feuer-Affen (1956). Gemeinsam mit einem Metall-Affen (1920, 1980) sind die Chancen ebenfalls neutral.
- Der Wasser-Hund (1922, 1982) profitiert besonders von Metall-Affen (1920, 1980) und Erd-Affen (1908, 1968). Gemeinsam mit einem Wasser-Affen (1932, 1992) sind die Chancen ebenfalls neutral.
- Der Holz-Hund (1934, 1994) profitiert schließlich besonders von Wasser-Affen (1932, 1992) und Metall-Affen (1920,

1980). Gemeinsam mit einem Holz-Affen (1944, 2004) sind die Chancen ebenfalls neutral.

Hund mit Hahn

Hund und Hahn mögen sich im Grunde gut leiden; leben sie doch in vergleichbaren Welten, sind dabei aber unterschiedlich genug, um sich nicht gegenseitig auf die Nerven zu gehen. Beide sind optimistisch und grundsätzlich gut gelaunt, wobei der Hund deutlich weniger unter Gefühlsschwankungen leidet als sein gefiederter Partner und deshalb auch ganz gut für Ausgleich sorgen kann. Der Hahn wiederum bringt zusätzlich Schwung in das Zusammenleben der beiden und würzt es mit einer gehörigen Portion Wortwitz. Daran muss sich der Hund allerdings erst gewöhnen und sich ein dickeres Fell zulegen, als er das von Natur aus hat.

Im Grunde ist die Aufgabenverteilung in dieser Beziehung klar: Der Hahn sorgt für die grundsätzliche Ordnung, der Hund achtet noch einmal besonders darauf, dass es auch gerecht zugeht.

Die größte Gefahr droht dieser Beziehung, wenn die Loyalität des Hundes ausartet. Der Hahn weiß zwar ein nettes Abenteuer zu schätzen, ist aber nicht notorisch untreu, wenn er sich einmal zu einer festen Bindung durchgerungen hat. Er fühlt sich durch die Nähe, die sein Hund-Partner sucht, hin und wieder zu stark eingeschränkt. Er leidet seinerseits aber an ähnlichen Anwandlungen und entwickelt Eifersüchte, wo überhaupt kein Grund vorhanden ist. Dennoch haben die beiden gute Chancen, sich so weit zu arrangieren, dass sie glücklich und zufrieden zusammenleben können.

Betrachtet man die Hund-Hahn-Paarung unter Berücksichtigung der Elemente, dann ergeben sich folgende am ehesten für den Büffel Erfolg versprechende Beziehungen – wobei einige Idealkombinationen noch weiter zusammenrücken, was die Wahrscheinlichkeit für solche Beziehungen trotz der grundsätzlichen Bedenken des Hahns steigen lässt:

- Der Feuer-Hund (1946, 2006) profitiert besonders von Holz-Hahn (1945, 2005) und Wasser-Hahn (1933, 1993). Die Partnerschaft mit einem Feuer-Hahn (1957) ist aus Sicht des Hundes noch immer halbwegs ok.
- Der Erd-Hund (1958) profitiert besonders von Feuer-Hahn (1957) und Holz-Hahn (1945, 2005). Gemeinsam mit einem Erd-Hahn (1909, 1969) sind die Chancen neutral.
- Der Metall-Hund (1910, 1970) profitiert besonders von Erd-Hahn (1909, 1969) und Feuer-Hahn (1957). Gemeinsam mit einem Metall-Hahn (1921, 1981) sind die Chancen ebenfalls gut.
- Der Wasser-Hund (1922, 1982) profitiert besonders von Metall-Hahn (1921, 1981) und Erd-Hahn (1909, 1969). Gemeinsam mit einem Wasser-Hahn (1933, 1993) sind die Chancen ebenfalls gut.
- Der Holz-Hund (1934, 1994) profitiert schließlich besonders von Wasser-Hahn (1933, 1993) und Metall-Hahn (1921, 1981). Gemeinsam mit einem Holz-Hahn (1945, 2005) sind die Chancen ebenfalls gut.

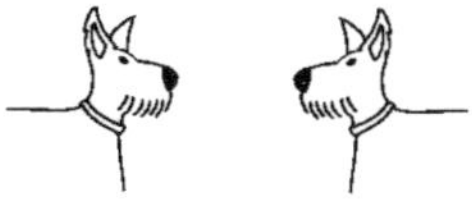

Hund mit Hund

Gleich und gleich gesellt sich gerne – das gilt auch für Hunde. Ein Hund kommt mit anderen Hunden gut aus, da sie ähnliche

Ansprüche ans Leben stellen. Manchmal mag es einfach auch Bequemlichkeit sein, die Hunde zueinander führen. Aber warum nicht, bei dieser Kombination leisten beide genug für ihr soziales Umfeld – da können sie es sich privat ruhig ein bisschen gemütlicher machen.

Hunde sind Nachfahren der Wölfe und damit in ihrer grundsätzlichen Einstellung sowohl Rudeltiere als auch Einzelgänger. Genau diese Wesensmerkmale begegnen einem auch bei den Menschen, die unter dem Jahresregenten des Hundes geboren wurden. Im Grunde wünschen sie sich soziale Bezüge; und besser als mit ihresgleichen kommen sie eigentlich nur mit Hasen zurecht.

Treffen sie auf einen Artgenossen, müssen sie etwas deutlicher klären, wer der Ranghöhere ist, als wenn sie dies mit einem anderen Vertreter des Tierkreises tun. Ist das allerdings geklärt, hält es auch deutlich länger und ist stabiler. Zum einsamen Wolf werden Hunde fast nur im Alter, wenn sie auf eine Reihe herber Enttäuschungen zurückblicken müssen. Und die Gefahr ist mit einem anderen Hund an ihrer Seite vergleichsweise gering. Wissen die beiden doch um ihre Werte, ihre Vorlieben und – was vielleicht am wichtigsten ist – um ihre Tabus. Und mit denen werden sie den Partner nicht behelligen.

Betrachtet man die Hund-Hund-Paarung unter Berücksichtigung der Elemente, dann ergeben sich folgende besonders Erfolg versprechende Beziehungen, die zum Teil aufgrund des hohen Altersunterschiedes nicht sonderlich realistisch sind:

- Der Feuer-Hund (1946, 2006) profitiert besonders von Holz-Hunden (1934, 1994) und Wasser-Hunden (1922, 1982). Die Partnerschaft mit einem Feuer-Hund (1946, 2006) ist ebenfalls sehr gut.
- Der Erd-Hund (1958) profitiert besonders von Feuer-Hunden (1946, 2006) und Holz-Hunden (1934, 1994). Gemeinsam mit einem Erd-Hund (1958) sind die Chancen ebenfalls sehr gut.

- Der Metall-Hund (1910, 1970) profitiert besonders von Erd-Hunden (1958) und Feuer-Hunden (1946, 2006). Gemeinsam mit einem Metall-Hund (1910, 1970) sind die Chancen ebenfalls sehr gut.
- Der Wasser-Hund (1922, 1982) profitiert besonders von Metall-Hunden (1910, 1970) und Erd-Hunden (1958). Gemeinsam mit einem Wasser-Hund (1922, 1982) sind die Chancen ebenfalls sehr gut.
- Der Holz-Hund (1934, 1994) profitiert schließlich besonders von Wasser-Hunden (1922, 1982) und Metall-Hunden (1910, 1970). Gemeinsam mit einem Holz-Hund (1934, 1994) sind die Chancen ebenfalls sehr gut.

Hund mit Schwein

Bei der Partnerschaft von Hund und Schwein zeigt sich die gesamte Zurückhaltung, die Chinesen bei der Verbindung aufeinanderfolgender Tierzeichen haben. Im Grunde könnten die beiden gut miteinander. Aber bei näherem Hinsehen erweist sich die Verbindung aus Sicht von beiden als bestenfalls neutral. Beginnen wir mit dem Schwein. Im Grunde ist es anpassungsfähig genug, um mit dem Hund gut auszukommen. Sein Verhältnis zur Wahrheit ergänzt sich gut mit den Tugenden des Hundes, und in Treue und Familiensinn haben beide etwas gemeinsam, was eine gute Voraussetzung für eine Beziehung bildet. Allerdings stößt es sich an seiner Neigung, sich in Ideen zu verrennen oder schlimmer noch – sich darin auch gleich zu verbeißen.

Das Schwein ist seinerseits zwar ein ebenso idealistisches Wesen wie der Hund. Und Werten wie der Familie kann es ebenfalls etwas abgewinnen. Aber letztlich stößt er sich dann doch an der Neigung seines Partners zu Distanzlosigkeit. Wo sich ein Schwein ehrlich interessiert, hat der Hund das Gefühl von Indiskretion. Ein Gefühl, das sich fatalerweise noch verstärkt, wenn das Schwein ins Plaudern kommt. Ob aus diesen beiden Partnern eine besonders aufregende Beziehung wird, bleibt abzuwarten.

Betrachtet man die Hund-Schwein-Paarung unter Berücksichtigung der Elemente, dann ergeben sich folgende mögliche Beziehungen – wobei nur wenige aufgrund der Altersunterschiede realistische Chancen haben:

- Der Feuer-Hund (1946, 2006) profitiert besonders von Holz-Schweinen (1935, 1995) und Wasser-Schweinen (1923, 1983). Die Partnerschaft mit einem Feuer-Schwein (1947, 2007) ist ebenfalls sehr gut.
- Der Erd-Hund (1958) profitiert besonders von Feuer-Schweinen (1947, 2007) und Holz-Schweinen (1935, 1995). Gemeinsam mit einem Erd-Schwein (1959) sind die Chancen ebenfalls sehr gut.
- Der Metall-Hund (1910, 1970) profitiert besonders von Erd-Schweinen (1959) und Feuer-Schweinen (1947, 2007). Gemeinsam mit einem Metall-Schwein (1911, 1971) sind die Chancen ebenfalls sehr gut.
- Der Wasser-Hund (1922, 1982) profitiert besonders von Metall-Schweinen (1911, 1971) und Erd-Schweinen (1959). Gemeinsam mit einem Wasser-Schwein (1923, 1983) sind die Chancen ebenfalls gut.
- Der Holz-Hund (1934, 1994) profitiert schließlich besonders von Wasser-Schweinen (1923, 1983) und Metall-Schweinen (1911, 1971). Gemeinsam mit einem Holz-Schwein (1935, 1995) sind die Chancen ebenfalls gut.

Der Hund in der westlichen Astrologie

Dass es nur begrenzt sinnvoll ist, das chinesische Horoskop mit dem europäischen zu mischen, liegt auf der Hand. Bleibt man beim rein chinesischen System, so modifiziert der Monatsregent, dessen jeweiliger Geltungsbereich sich zur Hälfte mit einem europäischen Tierkreiszeichen überschneidet (vergleiche Tabelle 6, Seite 62), den Jahresregenten. Nun einfach den chinesischen Monatsregenten mit dem entsprechenden europäischen Pendant auszutauschen, greift allerdings viel zu kurz.

Beide Systeme entstanden durch die Beobachtung natürlicher Abläufe und Rahmenbedingungen. Man integrierte diese Beobachtungen nicht nur in komplett unterschiedliche Kalendersysteme, sondern hatte zusätzlich auch noch gänzlich andere Vorstellungen vom Wesen der Zeit. Aus diesem Grund ist es aber auch kein Beweis für die Unrichtigkeit der Beobachtungen, wenn beide Horoskopsysteme zu unterschiedlichen Ergebnissen kommen.

Zudem wurden die Beobachtungen vor gänzlich anderen kulturellen Hintergründen interpretiert. Symbole, die für die Europäer eine tief in ihrem Erbe verwurzelte Bedeutung haben, werden von den Asiaten gänzlich anders, vielleicht sogar gegensätzlich interpretiert. Das konnten wir beispielsweise sehen, als wir uns dem Symbolgehalt des Büffels bzw. des Stiers in beiden Kulturkreisen näherten. Gilt er den Europäern als durchsetzungsstarke Kämpfernatur, so sehen die Asiaten in ihm das Zeichen des geduldig das Joch des Lebens Tragenden.

Aus diesem Grund ist es aber auch kein Beweis für die Unrichtigkeit der Beobachtungen, wenn beide Horoskopsysteme zu unterschiedlichen Ergebnissen kommen.

Wagen wir also das Experiment, wenngleich mit den erwähnten Einschränkungen, und stellen wir die unterschiedlichen Systeme nebeneinander. Dabei gehen wir davon aus, dass das europäische Sternzeichen einen ähnlich modifizierenden Einfluss auf den Jahresregenten besitzt wie der chinesische Monatsregent.

Widder-Hund

Beginnen wir unseren Vergleich mit dem Widder-Hund, also jenem Hund, der zwischen dem 21. März und dem 20. April geboren wurde. Widder-Hunde sind die besten Wachhunde, die man sich denken kann. Sie gehen dabei zwar manchmal etwas zu weit, aber dafür kann man sich auf sie verlassen. Dass sie irgendwann einmal im Unrecht sein sollten, übersteigt ihr eigenes Vorstellungsvermögen.

Ihre eigenen Überzeugungen verteidigen sie hartnäckig, und ihr Bemühen um Gerechtigkeit und Fairness endet dort, wo sie bei anderen nicht auf die gleiche Gerechtigkeit und Fairness stoßen. Wenn sie jemanden lieben, stehen sie zu ihm, solange er auch zu ihnen steht. Trotzdem – oder gerade deshalb – sind sie liebevolle und engagierte Partner, denen man sich getrost anvertrauen kann; vorausgesetzt, man meint es ernst mit ihnen.

Stier-Hund

Die Nächsten im Reigen des ungewöhnlichen Vergleichs sind die Stier-Hunde, also jene Hunde, die zwischen dem 21. April und dem 20. Mai auf die Welt gekommen sind. Stier-Hunde sind treu und halten zu ihren Freunden durch dick und dünn. Flexibilität ist nicht ihre Stärke, sich wandelnde Werte ebenfalls nicht. Doch da diese Hunde durchaus tolerant sind, fällt ihr eigenes konservatives Beharren auf Althergebrachtem nicht weiter störend auf, sofern man sie nicht zu heftig drängt.

Wenn das geschieht, können sie explodieren, und dann wehe ihrem Gegner! Solange sich alle nach ihren Regeln verhalten, sind sie hingebungsvolle Liebhaber und Geliebte sowie treue, fürsorgliche Partner. Untreue können sie nicht leiden, und sie wittern sie sehr rasch. Auf Lügen reagieren sie ähnlich allergisch. Wer keine Probleme haben möchte, sollte mit Stier-Hunden daher lieber keine dummen Spielchen spielen!

Zwillinge-Hund

Als Nächste betreten die Zwillinge-Hunde unseren Vergleichsreigen. Es sind jene Hunde, die zwischen dem 21. Mai und dem 21. Juni geboren wurden. Zwillinge-Hunde haben für alles auf der Welt eine Erklärung – die allerdings ständig wechselt. Das macht nichts, denn irgendwann trifft die gerade aktuelle Fassung den Kern der Sache.

Sie bemühen sich um Gerechtigkeit und Offenheit, versuchen jedoch ständig, alles auf einen Nenner zu bringen. Wenn sie psychologisches Verständnis mit ethisch wertvollen Aufgaben verbinden können, sind sie glücklich. Aus dem Bauch handeln sie eher nicht, und Dinge auf sich beruhen zu lassen, ist nicht ihre Art. Zwillinge-Hunde verwickelt man am besten in spannende Gespräche, wenn man ihre Aufmerksamkeit erregen will. Das mögen sie – und ehe man sich versieht, beißen sie tatsächlich an.

Krebs-Hund

Als Nächste treten mit den Krebs-Hunden vergleichsweise sensible Geschöpfe auf den Plan. Sie wurden in der Zeit zwischen dem 22. Juni und dem 22. Juli geboren und stehen zu den Werten Familie, Partnerschaft und Häuslichkeit wie sonst wohl niemand. Stabilität, Kontinuität und Wohlbefinden hängen für sie eng mit einem glücklichen und harmonischen Familienleben zusammen.

Ihre Familie geht ihnen daher über alles, sie überhäufen sie mit liebevoller Zuwendung und stopfen die Kinder voll mit ihren Wertvorstellungen. Auch ihren Freunden gegenüber sind sie ungeheuer loyal. Klares, distanziertes Denken ist nicht ihre Stärke. Wenn sie nicht gerade schlechter Laune sind, sind sie ausgesprochen altruistisch. Hin und wieder müssen sie sich allerdings zurückziehen können, um glücklich zu sein. Kluge Partner lassen ihnen diesen „Luxus".

Löwe-Hund

Löwe-Hunde sind jene Hunde, die zwischen dem 23. Juli und dem 23. August geboren wurden. Sie sind direkt und aufrecht, gerecht und lebensfroh. Manipulation und Steuerung ist ihnen zutiefst zuwider, und sie lassen sich nicht auf Werte wie Diskretion oder Sparflamme herunterschrauben. Voller Lebenslust gehen sie jede Situation schwungvoll an und fahren meist sehr gut dabei.

Wenn sie gut gelaunt sind, merkt es auch ihre Umgebung, doch auch ihre schlechte Laune bekommen die anderen ganz genauso zu spüren. Wo sie geliebt und beachtet werden, sind sie großzügige und leidenschaftliche Partner und erfolgreiche, ernst zu nehmende Geschäftsleute. Wer sie auf die Bühne des Lebens bittet, kann so gut wie alles von ihnen bekommen – diese Hunde bellen eben viel und gerne.

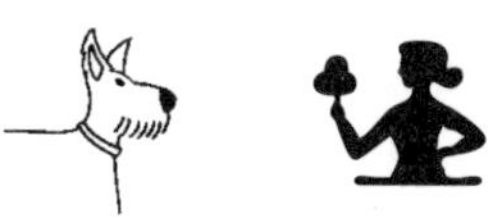

Jungfrau-Hund

Jungfrau-Hunde sind eine etwas schwierige Spezies. Diese Hunde, die zwischen dem 24. August und dem 23. September geboren wurden, leben nämlich nach einem komplizierten Sittenkodex, den nur sie genau verstehen, dessen Einhaltung ihnen aber sehr wichtig ist. Ihren Maßstab tragen sie in jede beliebige Situation herein und damit setzen sie ihre Umgebung manchmal ganz schön unter Stress.

Anderen zum Trost sei es gesagt: Die strengsten Maßstäbe legen diese Hunde an sich selbst an, mit anderen gehen sie deutlich milder um als mit sich selbst. Zugegebenermaßen ist es trotzdem nicht angenehm, sich moralisch immer kleiner als der Partner fühlen zu müssen. Mit Geld sind Jungfrau-Hunde nicht kompromittierbar, daher ist es für sie sehr wichtig, eine Arbeit zu haben, mit der sie sich identifizieren können und bei der persönliche Integrität gefragt ist. Es ist schwer, ihnen wirklich nahezukommen. Herzlichen Glückwunsch demjenigen, dem es gelingt!

Waage-Hund

Wenden wir uns dem nächsten Vertreter der chinesisch-europäischen Horoskopverschmelzung zu, den zwischen dem 24. September und dem 23. Oktober geborenen Waage-Hunden. Diese Variante der Hunde-Familie möchte unbedingt gefallen und den Erwartungen anderer gerecht werden. Sie können nicht Nein sagen, und das führt bisweilen zu Problemen, besonders dann, wenn sie hinterher merken, dass sie sich eigentlich auf etwas eingelassen haben, was ihnen zutiefst gegen den Strich geht.

Als Rechtsanwälte, Richter und bei zähen Verkaufs- und sonstigen Verhandlungen können sie ihre Fähigkeiten ideal einbringen, zu denen auch ein ausgeprägtes Gefühl für soziale Gerechtigkeit gehört. In privaten Dingen werden sie zum ästhetisch empfindenden, idealisierenden romantischen Träumer. Wer einen solchen Hund für sich gewinnt, kann sich auf ein harmonisches, verschmustes Beisammensein freuen.

Skorpion-Hund

Deutlich weniger harmonisch geht der Skorpion-Hund mit seinem ausgeprägten Sinn für Wahrheit vor. Diese temperamentvollen Geschöpfe wurden zwischen dem 24. Oktober und dem 22. November geboren. Skorpion-Hunde sind zwischen ihrem Bemühen um Rationalität und vernünftiges Handeln und starken emotionalen Bedürfnissen hin- und hergerissen.

Ohne innere Beteiligung geht bei ihnen gar nichts, und oft spielt ihnen ihr Bauchgefühl einen Streich. Das gilt auch für den Bereich der Treue – Seitensprünge sind bei ihnen an der Tagesordnung, es ist aber wichtig, dass ihr Partner sie nicht ernster nimmt als notwendig. Im Beruf arbeiten sie lieber allein, wirken bisweilen sogar bissig, sie können aber auch sehr empfindsam sein.

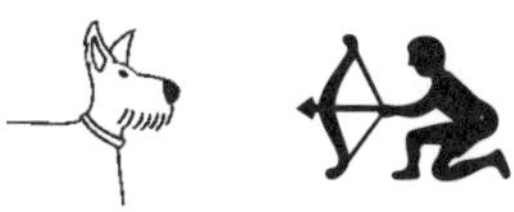

Schütze-Hund

Schütze-Hunde, die zwischen dem 23. November und dem 21. Dezember geboren wurden, sind am glücklichsten, wenn sie weit entfernte Horizonte erforschen dürfen – sei es auf einem Ozeandampfer, sei es auf geistigen Reisen. Die verschiedenen moralischen, ethischen und kulturellen Standpunkte in der Welt faszinieren sie, und am liebsten würden sie sie alle ausloten. Fairness und Gleichberechtigung sind ihnen ein Bedürfnis, ihr Gerechtigkeitsempfinden ist sehr ausgeprägt und sensibel.

Wenn sie es schaffen, das Leben nicht nur in Schwarzweißmalerei anzusehen, können sie es als Juristen und Gelehrte weit bringen. Ihr Liebesleben ist ihnen nicht so wichtig wie eine neue Erfahrung. Wer sich in einen Schütze-Hund verliebt, sollte daher bereit sein, permanent mit gepackten Koffern zu leben, um dem oder der Geliebten immer und überallhin folgen zu können.

Steinbock-Hund

Steinbock-Hunde, die zwischen dem 22. Dezember und dem 20. Januar auf die Welt kommen, sind nicht sehr flexibel oder tiefsinnig. Doch da sie fest davon überzeugt sind, in der besten aller möglichen Welten zu leben, bauen sie auf dieser Basis ruhig und zuverlässig ihre Existenz auf. Nicht sehr optimistisch veranlagt, verlassen sie sich am liebsten auf sich selbst. Bis sie eine gesicherte Existenz aufgebaut haben, wirken sie gestresst und gereizt. Wenn sie das Gefühl haben, dass sie sich um ihren Wohlstand keine Sorgen mehr zu machen brauchen, können sie sich zurücklehnen und zum Menschenfreund werden. Dann entwickeln sie den ihnen eigenen Charme; wobei man als Partner auf große Geschenke bei ihnen vergeblich wartet.

Wassermann-Hund

Wassermann-Hunde haben ihr eigenes Weltbild, und damit sind sie auch ganz glücklich. Sie kommen ohne viele Freunde aus, halten sich selbst für fair und gerecht und lassen anderen theoretisch gern die Freiheit, die sie auch für sich selbst benötigen.

Es dauert daher sehr lange, ehe sie eine Beziehung eingehen, und auch darin werden sie immer etwas wie ein streunender Hund wirken. Doch können sie auch sehr liebevoll sein, wenn sie nirgends eine Leine oder Fessel sehen. Kommunikation ist ihre Stärke, und geistige Anregungen sind ihnen wichtig. Wird ihnen langweilig, brechen sie zu neuen Ufern auf – und haben dabei noch nicht einmal ein schlechtes Gewissen. Denn die ferne Idee ist ihr größtes Ideal.

Fische-Hund

Unser Vergleichsreigen schließt mit dem Fische-Hund, einem für Hundeverhältnisse eher ängstlichen Zeitgenossen. Fische-Hunde sind sehr empfänglich für die leisen Zwischentöne in menschlichen Gesprächen und die atmosphärischen Stimmungen in einem Raum oder einer Beziehung. Sie leiden darunter, wenn das, was jemand sagt, nicht mit dem, was sie nonverbal wahrnehmen, übereinstimmt.

Ihr eigener Wille ist nicht sehr ausgeprägt – stattdessen sind sie bemüht, immer alles richtig zu machen, und werden vor lauter Unvereinbarkeit aller Anforderungen, die sie mit ihrer Sensibilität wahrnehmen, leicht nervös. Dennoch, in helfenden und heilenden Berufen sind sie glücklich. Als Partner brauchen sie eine feinfühlige zarte Seele, sonst werden sie selbst zu häufig verletzt.

Berühmte Hunde

Kann man für Hunde überhaupt eine Prominentenliste erstellen? Sind Hunde nicht viel eher jene Menschen, die im Fahrwasser von Prominenten auftauchen, etwa als Manager, Texter oder Songschreiber? Ist ein schillerndes, extrovertiertes Auftreten überhaupt „Hundesache", wo diese Zeitgenossen doch viel lieber ihre Umgebung mit Zurückhaltung beobachten?

Tatsächlich gibt es einige charismatische Hunde, die gerne im Rampenlicht des Showbusiness stehen. Elvis Presley gehört ebenso dazu wie Liza Minelli, Sophia Loren, Madonna und Michael Jackson – und Uri Geller. Aber es sind dann doch eher Politiker und erstaunlich viele Wissenschaftler, die für ihre Idee so brennen oder brannten, dass sie auf einer solchen Liste Platz finden. Winston Churchill war Hund, ebenso wie Albert Schweitzer, Jacques Yves Cousteau und der Herzchirurg Christiaan Barnard.

Metall-Hund Jacques-Yves Cousteau

Beginnen wir die Beschreibung berühmter Hunde mit einem Metall-Hund, nämlich dem Meereswissenschaftler und Umweltaktivisten Jacques-Yves Cousteau, der am 11. Juni 1910 in der Nähe der französischen Stadt Bordeaux zur Welt kommt. Schon früh entdeckt Cousteau zwei Leidenschaften: das Meer und die Luft, genauer genommen die Fliegerei.

Zunächst träumt er davon, die zweite Leidenschaft zum Beruf zu machen. Er will Pilot werden. Aber es kommt anders. Aus familiären Gründen besucht er ab 1930 die Marineschule in Brest und tritt 1933 in die französische Kriegsmarine ein. Während des Zweiten Weltkrieges ist Cousteau Mitglied des französischen Widerstandes, wofür er 1943 das Ehrenkreuz der Legion bekommt.

Nach dem Krieg setzt Cousteau seine Karriere bei der Marine fort. Bis 1950 dient er, zuletzt im Rang eines Korvettenkapitäns. Doch war es weniger das Kriegshandwerk, das Cousteau damals interessierte. Vielmehr galt sein Interesse der Welt unter Wasser, wobei er technische Geräte wie ein wasserdichtes Gehäuse für eine Filmkamera oder einen Tauchskooter erfand, um die Tiefen des Meeres besser erforschen zu können. Bereits 1936 dreht er den ersten Unterwasserfilm, bis zu seinem Tod am 25. Juni 1997 in Paris sollen noch mehr als 100 weitere folgen.

1950 schenkt der irische Bierbrauer Guinness Cousteau ein ausrangiertes Minensuchboot. Der Beschenkte scheidet aus der Marine aus und macht das Erforschen der Weltmeere zu seiner Hauptprofession. Spätestens jetzt merkt man ihm die Qualitäten des Metall-Hundes, der seinen Idealen unbeirrbar – ja fast schon verbissen – folgt, zweifelsfrei an. Er tauft das Boot Calypso und beginnt mit ihm seine ausgedehnten Expeditionen auf den sieben Weltmeeren.

1956, 1959 und 1965 erhält „der Mann mit der roten Wollmütze" den Oskar für seine Dokumentarfilme, 1956 auch die Goldene Palme und 1970 und 1972 den Bambi. Er wird Präsident der französischen ozeanografischen Gesellschaft und

Leiter des ozeanografischen Instituts von Monaco. 1973 gründet er die Cousteau-Gesellschaft zur Erforschung und zum Schutz der Meere, 1977 verleiht ihm die UNO ihren internationalen Umweltpreis.

Auch privat kann man das Leben Cousteaus als Prototypen eines Metall-Hund-Lebens bezeichnen. Mit 27 Jahren heiratet er Simone Melchior, das Paar hat zwei gemeinsame Söhne. Die Ehe verläuft skandalfrei, die Frau teilt bis zu einem gewissen Grad die Interessen ihres Mannes und unterstützt ihn bei seinen Aktivitäten. Nach deren Tod zieht es ihn wieder in die Ehe, diesmal heiratet er Francine Triplet, mit der er bis zu seinem eigenen Tod verheiratet bleibt.

Wasser-Hund Christiaan Barnard

Wenden wir uns nun einem weiteren Hund zu, der seine Prominenz der verbissenen Entschlossenheit, mit der er eine Idee verfolgte, verdankt: dem Wasser-Hund Christiaan Barnard. Christiaan Neethling Barnard wird am 8. 11. 1922 in Beaufort West, einem kleinen Wüstenstädtchen in Südafrika, in eine protestantische Missionarsfamilie hineingeboren. Seine Kindheit verläuft unauffällig, nach Abschluss der Schulzeit geht er für ein Medizinstudium nach Kapstadt. Damit ergreift er einen von drei für die Familie in Frage kommenden Berufen: Pastor, Lehrer oder Arzt.

Nach der Promotion und seiner Assistenzzeit in Kapstadt zieht es Barnard zunächst in die USA, und zwar an die Universitätsklinik von Minnesota. Dort bekommt er eine chirurgische Fachausbildung und ist auch erstmals an einer Operation am offenen Herzen beteiligt. 1958 kehrt der junge, ambitionierte Mediziner in seine Heimat zurück und spezialisiert sich im Bereich der Chirurgie des Brustraumes.

Er wird Direktor der Medical School der Universität Kapstadt und habilitiert sich 1962 als Professor für Thoraxchirurgie. Zunächst übt er die speziellen Techniken für Herzoperationen an Tieren und testet spezielle Medikamente im Tierversuch. Dann wagt er sich an den Menschen. Über 1000 Herzoperationen führt Barnard durch, bevor er 1967 die erste Herztransplantation wagt. Seine Beweggründe für die damals als fast aussichtslos erscheinende Operation schildert er so: „Wenn dich ein Löwe in einen Fluss voller Krokodile jagt, springst du in das Wasser in der Hoffnung, auf die andere Seite schwimmen zu können. Aber du würdest nie auf so etwas wetten, wenn es keinen Löwen gäbe."

Der Empfänger stirbt 18 Tage nach der Operation an den Folgen von Abstoßungsreaktionen. Doch allein die Tatsache, dass der Patient diese zweieinhalb Wochen überlebte, machen Barnard zum bekanntesten Arzt seiner Zeit. Wobei sicherlich auch das charismatische Auftreten und das hübsche Erscheinungsbild des Mediziners seinen Teil dazu beitragen. Barnard ist nur in seiner Profession wie ein Spürhund auf der Fährte eines Ziels. In Liebesdingen zieht es ihn dagegen immer wieder weiter. Insgesamt zeugt er mit drei Frauen sechs Kinder und verkündet auch immer wieder öffentlich, dass alles, was dem Menschen Spaß mache – also auch Sex – gut für das Herz seien.

Doch zurück zu Barnards Herzensanliegen: der erfolgreichen Transplantation. Bereits einen Monat nach der ersten Herztransplantation versucht er es ein zweites Mal. Diesmal überlebt der Patient immerhin 19 Monate. Im Laufe der Zeit verfeinert der Chirurg die Methoden immer weiter. Zudem macht die Pharmazie bei der Unterdrückung der Abstoßungsreaktionen gravierende Fortschritte. Insgesamt transplantiert Barnard mit seinem Team mehr als 420 Herzen am Groote-Schuur-Krankenhaus in Kapstadt, die von ihm entwickelte Technik wurde bislang an mehr als 40.000 Menschen weltweit angewendet. Heute liegt die Überlebensrate bei mehr als fünf Jahren für mehr als 80 Prozent der Transplantierten.

1983 muss Barnard aufgrund einer schweren Arthritis seine Operationstätigkeit aufgeben. Fortan widmet er sich seiner Christiaan-Barnard-Foundation für herzkranke Kinder und leitet eine Klinik auf der griechischen Insel Kos. Er stirbt schließlich am 2. September 2001 im Alter von 73 Jahren an einem Asthma-Anfall während eines Urlaubs auf Zypern.

Holz-Hund Brigitte Bardot

Wenden wir uns nun einem traurigen Beispiel für einen verbissenen Holz-Hund zu, nämlich der ehemaligen Filmdiva und Sängerin Brigitte Bardot. Sie wird am 28. September 1934 in Paris als Kind einer lothringischen Industriellenfamilie in begüterte Verhältnisse hineingeboren. Die Eltern haben gleich große Pläne mit der auffallend hübschen Tochter und so präsentiert sich bereits die 15-Jährige als Hut-Modell. Kurz darauf ist die Bardot mit ihrem unverwechselbaren Schmollmund und den Kulleraugen ein begehrtes Mannequin, das die Titelseiten der damaligen Modemagazine schmückt. Wie viele Hunde heiratet sie früh, nämlich bereits mit 18 Jahren, und zwar den Filmemacher Roger Vadim, mit dem sie bereits seit einiger Zeit eine Affäre hatte.

Brigitte Bardot dreht ihre ersten Filme, allesamt am Rande der Softpornografie. Die Kritiker stoßen sich zunächst am erotisch-frivolen Auftreten der jungen Nachwuchsschauspielerin, kritisieren ihr Aussehen, aber auch ihre angebliche Talentlosigkeit. Die Bardot und ihr Förderer Vadim lassen sich jedoch nicht irritieren und das Publikum gibt ihnen recht. Vadims erster eigener Film, „Und ewig lockt das Weib ..." mit BB in der Hauptrolle bringt den beiden 1956 den internationalen Durchbruch.

Ersparen wir uns die einzelnen Filmtitel und die Abfolge der Ehen im Detail. Sehen wir uns lieber die Bardot der späten Jahre an, in denen die Holz-Hund-Eigenschaften in ihrer Schattenausprägung traurig deutlich in Erscheinung treten. Allerdings wollen wir an dieser Stelle nicht den Eindruck erwecken, dass alle Holz-Hunde eine solch traurige Entwicklung nehmen. Auch Albert Schweitzer und Winston Churchill waren Holz-Hunde, denen man zwar ebenfalls eine gewisse Sturheit bescheinigen muss, aber keinesfalls Hetzerei oder menschenverachtende Äußerungen unterstellen kann. Aber zurück zur Bardot: In den 70er-Jahren zieht sie sich aus dem Filmgeschäft zurück und taucht ab jetzt vor allem als Tierschützerin und mit politischen Statements in den Schlagzeilen auf. Und zwar in äußerst aggressiver Form.

Zunächst ist gegen ihr Auftreten zum Schutz der weltweiten Robbenpopulation nichts einzuwenden. Sie macht bereits 1976 die Weltöffentlichkeit auf das Massenschlachten der kleinen pelzigen Meeresbewohner aufmerksam. Doch schon bald mischen sich militante und allgemeine Verunglimpfungen enthaltene Töne in das Engagement. 1990 wendet sich die Bardot Jean-Marie Le Pen und seiner nationalen Rechten zu, heiratet in der Folge auch Bernard d'Ormale, ein Mitglied der „Front national".

Seither steht sie immer wieder wegen Rassenhass vor Gericht, 2004 wird sie von einem französischen Gericht wegen einschlägiger Stellen in ihrem Buch „Ein Schrei in der Stille" verurteilt. Allerdings streift sie solche Ordnungsrufe achselzuckend weg und macht mit ihren verbissenen, hetzerischen Äußerungen auch in der Öffentlichkeit weiter. Die Süddeutsche Zeitung widmet ihr daher im Juni 2004 einen Nachruf zu Lebzeiten unter dem Titel: „Was tun, wenn eine Göttin plötzlich unmenschlich wird? Kopfschütteln, trauern."

Feuer-Hund Sylvester Stallone

Betrachten wir als Nächstes einen Schauspieler und Filmemacher unter den Hunden, einen, der es wiederum mit typischen Hund-Qualitäten in die Prominentenliste geschafft hat. Der Feuer-Hund Michael Sylvester Enzio Stallone wird am 6. Juli 1946 in New York geboren. Bereits in seiner Schulzeit will er Schauspieler werden, allerdings raten ihm seine Lehrer aufgrund einer partiellen Nervenlähmung im Gesicht von diesen Plänen ab.

Stallone kümmert sich allerdings nicht um diese Ratschläge, er sammelt erste Erfahrungen als Amateurschauspieler, ist aber in erster Linie als Sportler erfolgreich. Mit seinem Footballteam kommt er sogar in die Landesliga. Was richtungweisend werden soll, denn es ist eben diese Mischung aus athletischem Erfolg und schauspielerischer Ambition, die Stallones weiteren beruflichen Weg bestimmt.

Zunächst versucht er sich an der Universität von Miami, wo er Dramaturgie studiert, bricht das Studium allerdings zugunsten seiner Schauspiel-Aktivitäten ab. Er übernimmt kleinere Filmrollen – und aufgrund seines athletischen, gut anzuschauenden Körpers auch größere in Pornofilmen. Der echte Durchbruch lässt aber auf sich warten. Der kommt erst mit Rocky, dem Epos über einen Außenseiter, der Box-Weltmeister wird, und das sich über – neuerdings – sechs Folgen zieht.

1975 schreibt Stallone das Drehbuch, das neben viel muskulöser Männlichkeit auch sozialkritische Momente enthält, und bietet es verschiedenen Filmproduzenten an. Mit einem vergleichsweise bescheidenen Budget von 1,1 Millionen Dollar wird Rocky mit Stallone in der Hauptrolle gedreht und landet 1976 einen absoluten Überraschungserfolg. Der Film wird in zehn Kategorien für den Oscar nominiert und erhält den Preis dann tatsächlich für den besten Film, die beste Regie und den besten Schnitt.

In den folgenden Fortsetzungen der Geschichte gewinnt der Actionteil mehr und mehr die Oberhand, während die sozialkritischen Momente in den Hintergrund treten. Trotzdem – oder gerade deshalb – kommen sie beim Publikum gut an und Stallone baut sein Image als körperbetonter Actionheld weiter aus. Selbst im doch nicht mehr ganz so zarten Alter von 60 Jahren funktioniert das Konzept, als Stallone 2007 mit Rocky Balboa die sechste Fortsetzung der Boxerlegende in die Kinos bringt.

In einem Interview anlässlich des Kinostarts in Deutschland nach dem Erfolgsrezept von Rocky trotz der immer wieder vernehmbaren Kritik gefragt, gibt Stallone eine typische Hunde-Antwort: „Ich glaube, jeder Künstler und Sportler hat Höhen und Tiefen. Aber wenn Sie ihre tiefen Täler überwinden und sich dabei selbst treu bleiben, wird Sie das Publikum wieder entdecken. Die Leute können sich wieder in Sie verlieben. Das habe ich in den 30 Jahren meiner Karriere erlebt."

Übrigens kann man auch anhand von Stallones Privatleben typische Hunde-Qualitäten beobachten. Seine erste Ehe mit Sasha Czack dauert für eine Schauspieler-Ehe mit elf Jahren doch erstaunlich lange. In dieser Ehe werden die beiden Söhne Sage und Seargeoh geboren.

Die Kurzzeit-Ehe mit Brigitte Nielsen fällt eher unter die Kategorie Abenteuer und bleibt kinderlos. Seit mehr als einem Jahrzehnt ist Stallone nun mit Jannifer Flavin verheiratet, der Mutter seiner drei Töchter Sophia Rose, Sistine Rose und Scarlett Rose.

Erd-Hund Madonna

Wenden wir uns als letztem einem Vertreter der Erd-Hunde zu oder besser gesagt einer Vertreterin. Die Rede ist von Madonna Louise Ciccione, oder schlicht Madonna, die am 16. August 1958 in Bay City, Michigan, das Licht der Welt erblickt. Madonnas Mutter stirbt, als das Kind fünf Jahre alt ist, an Brustkrebs, der italo-amerikanische Vater sorgt für eine strenge Erziehung in katholischen Schulen, zeitweise auch in einem Klosterinternat.

In jungen Jahren ringt Madonna um die Aufmerksamkeit des Vaters, ihre erste große Selbstbestätigung bekommt sie allerdings von ganz anderer Seite. In der Highschool fällt sie durch ihr schauspielerisches Talent in der Theatergruppe der Schule auf und durch ihr Talent zur Selbstinszenierung in der Cheerleader-Gruppe der schulischen Footballmannschaft. Sie bekommt Klavierstunden und Tanzunterricht und beschließt, nach der Schule Tänzerin zu werden.

Nach der Highschool beginnt Madonna eine Gesangsausbildung an der University of Michigan, bricht die Ausbildung aber ab und geht nach New York. In dieser ersten Zeit schlägt sich die heute drittreichste Frau des amerikanischen Showgeschäftes mit Gelegenheitsjobs durch. Unter anderem entstehen jene Aktfotos, die einige Jahre später im Playboy und im Penthouse auftauchen. Sie tritt als Tänzerin auf, versucht sich als Sängerin und Schlagzeugerin in Punkbands.

1979 kehrt sie nach New York zurück, nimmt erste Demobänder auf und versucht in Diskotheken die Aufmerksamkeit von Discjockeys mit Kontakten zur Musikindustrie zu erregen, indem sie zu ihren Stücken tanzt.

1982 bekommt sie ihren ersten Plattenvertrag, 1983 erscheint ihr Debütalbum „Madonna". Anfangs kann sie nur im Studio singen, nach ausführlichen Gesangsstunden – vor allem zur Vorbereitung des Andrew-Lloyd-Webber-Musicals Evita – schafft sie es auch, live zu singen. Außerdem tritt Madonna auch als Schauspielerin und Buchautorin in Erscheinung.

Aber es sind weniger die musikalischen Erfolge von Madonna oder ihre extravaganten, Modetrends machenden Auftritte, die sie als Erd-Hund ausweisen. Vielmehr ist es die Mischung aus Familiensinn, Idealismus und dem radikalen Vertreten bestimmter Ideale – wobei man ständig das Gefühl hat, morgen könnte ihr eine andere Idee in den Sinn kommen, die sie dann ebenso hartnäckig verfolgt wie die alte. Ein Beispiel sind Madonnas religiöse Eskapaden.

In ihrer frühen Jugend war es die katholische Kirche, nach deren strengen Regeln das Kind leben wollte, aber letztlich an ihnen scheiterte. Madonna begehrte auf und verbrachte lange Jahre ihrer Karriere damit, ihrem Namen insofern alle Ehre zu machen, dass sie gegen alle Tabus des Katholizismus verstieß. Aber das Aufbegehren durch „Religionsrebellion" erfüllt bekanntermaßen keine spirituellen Bedürfnisse, und so entdeckte Madonna Ende der 90er-Jahre nach der Geburt von Tochter Lourdes Maria zunächst den Buddhismus, um nach kurzer Zeit zur altjüdischen Kabbalah-Lehre überzutreten. Für sie wirbt sie unter Künstler-Kollegen heftig neue Mitglieder an, was ihr etwa bei Paris Hilton, Mick Jagger, Britney Spears und Demi Moore auch gelang.

Doch damit nicht genug. Geht sie Zeitungsberichten zufolge doch so weit, den eineinhalbjährigen David aus Malawi, dessen Adoptionsverfahren derzeit noch nicht endgültig abgeschlossen ist, gegen die Bitte seines leiblichen Vaters beschneiden zu lassen, weil dies die Kabbalah so vorsehe. Wenn ein Hund sich etwas in den Kopf setzt, dann bleibt er auf der Fährte, ohne so recht über die möglichen Konsequenzen seines Handelns nachzudenken.

Quellen- und Literaturhinweise

Termine der Jahresanfänge:
http://www.hko.gov.hk/gts/time/conversion.htm
http://www.chiniseastrology.com
http://www.bernhardpeter.de

Ulrike Müller-Kaspar (Hrsg.): Die Welt der Symbole, tosa 2005
Adrienne v. Taxis, Astrologie, tosa 1997

Jahresbeginn nach dem chinesischen Mondkalender	Ihr Tierkreis-zeichen	Jahresbeginn nach dem chinesischen Bauernkalender
15. 02. 1961	Büffel	04. 02. 1961
05. 02. 1962	Tiger	04. 02. 1962
25. 01. 1963	Hase	04. 02. 1963
13. 02. 1964	Drache	05. 02. 1964
02. 02. 1965	Schlange	04. 02. 1965
21. 01. 1966	Pferd	04. 02. 1966
09. 02. 1967	Ziege	04. 02. 1967
30. 01. 1968	Affe	05. 02. 1968
17. 02. 1969	Hahn	04. 02. 1969
06. 02. 1970	Hund	04. 02. 1970
27. 01. 1971	Schwein	04. 02. 1971
16. 02. 1972	Ratte	05. 02. 1972
03. 02. 1973	Büffel	04. 02. 1973
23. 01. 1974	Tiger	04. 02. 1974
11. 02. 1975	Hase	04. 02. 1975
31. 01. 1976	Drache	05. 02. 1976
18. 02. 1977	Schlange	04. 02. 1977
07. 02. 1978	Pferd	04. 02. 1978
28. 01. 1979	Ziege	04. 02. 1979
16. 02. 1980	Affe	05. 02. 1980
05. 02. 1981	Hahn	04. 02. 1981
25. 01. 1982	Hund	04. 02. 1982
13. 02. 1983	Schwein	04. 02. 1983
02. 02. 1984	Ratte	04. 02. 1984
20. 02. 1985	Büffel	04. 02. 1985
09. 02. 1986	Tiger	04. 02. 1986
29. 01. 1987	Hase	04. 02. 1987
17. 02. 1988	Drache	04. 02. 1988
06. 02. 1989	Schlange	04. 02. 1989
27. 01. 1990	Pferd	04. 02. 1990
16. 02. 1991	Ziege	04. 02. 1991
04. 02. 1992	Affe	04. 02. 1992
23. 01. 1993	Hahn	04. 02. 1993
10. 02. 1994	Hund	04. 02. 1994
31. 01. 1995	Schwein	04. 02. 1995
19. 02. 1996	Ratte	04. 02. 1996